别吃了
拖延症的亏

牧 原◎著

Delay

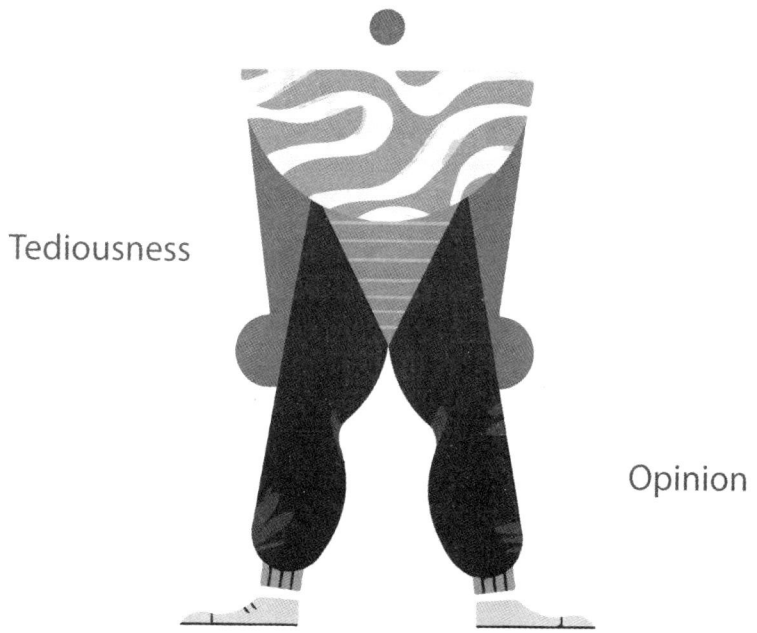

Tediousness

Opinion

北方文艺出版社

图书在版编目（CIP）数据

别吃了拖延症的亏 / 牧原著. -- 哈尔滨：北方文艺出版社，2019.10

ISBN 978-7-5317-4658-4

Ⅰ. ①别… Ⅱ. ①牧… Ⅲ. ①成功心理 - 通俗读物 Ⅳ. ① B848.4-49

中国版本图书馆 CIP 数据核字（2019）第 200451 号

别 吃 了 拖 延 症 的 亏
Biechile Tuoyanzhengde Kui

作　者 / 牧　原	
责任编辑 / 路　嵩	封面设计 / 天下书装
出版发行 / 北方文艺出版社	邮　编 / 150080
发行电话 / (0451) 85951921 85951915	经　销 / 新华书店
地　址 / 哈尔滨市南岗区林兴街 3 号	网　址 / www.bfwy.com
印　刷 / 三河市人民印务有限公司	开　本 / 880mm×1230mm　1/32
字　数 / 194 千	印　张 / 9
版　次 / 2019 年 10 月第 1 版	印　次 / 2019 年 10 月第 1 次印刷
书　号 / ISBN 978-7-5317-4658-4	定　价 / 42.00 元

目录
Contents

第一章　拖延正在毁掉你的完美人生 / 001

1. 因为拖延,工作堆积如山永远完不成 / 003
2. 因为拖延,原本可以解决的问题糟糕到无法收场 / 006
3. 因为拖延,你可能错过了成为有钱人的机会 / 010
4. 因为拖延,你的健康岌岌可危 / 013
5. 因为拖延,你沦为了"剩男剩女" / 016
6. 因为拖延,你陷入焦虑绝望的漩涡 / 020
7. 因为拖延,挫败感周而复始 / 024
8. 因为拖延,万事成蹉跎 / 027

第二章　越拖延越纠结,小心进入等死模式 / 031

1. 布里丹毛驴效应——别让优柔寡断害了你 / 033
2. 你那么纠结,就在于选择太多 / 036
3. 纠结要不要做一件事? 去做! / 040
4. 别让梦想只停留在嘴上 / 043

5. 因为害怕失败，你避免了一切开始 / 047

6. 试过了，才知道自己行不行 / 051

7. 快刀斩乱麻，迅速摆脱纠结 / 055

第三章　受不住诱惑而拖延？ 远离它！ / 059

1. 不要将手机带上床 / 061

2. 早上越犹豫越起不来 / 065

3. 在信息爆炸时代，如何避免持续性信息过剩 / 068

4. 拒绝"磨洋工"，不走心的努力没有意义 / 072

5. 因为沉迷于网络游戏，要做的事一拖再拖 / 075

6. 碎片化时代，如何保持专注力 / 079

7. 一次只做一件事 / 083

8. 请放弃你的无效社交 / 086

第四章　别再找借口了，拖延的本质是你压根不想做 / 091

1. 停止为拖延找借口！ 别把自己的拖延合理化 / 093

2. 拖延不是因为懒，而是因为不想做 / 096

3. 事情并没有你想象得那么难 / 100

4. 你用拖延来逃避"成功"，因为那不是你想要的 / 103

5. 选择一份你感兴趣的工作是最重要的 / 106

6. 做真心想做的事，你就不会拖延 / 110

7. 你是否觉得反正来不及了，做与不做都一样 / 114

8. 年龄大不是你拖延的理由 / 117

第五章 拖延是因怕困难？ 很多困难都是想象出来的 / 121

1. 把不喜欢又必须要做的事排在最前面 / 123
2. "不可能完成任务"只是被夸大了 / 126
3. 努力去尝试，失败并不危险 / 129
4. 挑战更难的任务有助于成长 / 133
5. 孤木不成林，找人合作解决难题 / 136
6. 当你按时完成工作时，给自己一个奖励 / 140
7. 有一种拖延是，你嫌麻烦不想开始 / 143
8. 想做的事情太多，不知道从哪里开始 / 147

第六章 你需要的不是完美，是完成！ / 151

1. 计划那么完美，你倒是开始行动啊 / 153
2. 从来没有万事俱备的时候 / 156
3. 如果你一直等待灵感来敲门，作品将少得可怜 / 160
4. 把对自己的期望值调低一点 / 164
5. 完成比完美更重要 / 167
6. 苛求无关紧要的小事，结果耽误了大事 / 170
7. 接受不完美，走出拖延死循环 / 174

第七章 身后有狼，想拖延都难 / 179

1. 制造等不及的"紧迫感" / 181
2. 常想身后有狼：最大的危机，就是没有危机感 / 184
3. 假如"做不完就失业"，你还会慢条斯理的拖延吗？ / 187
4. 别懈怠：没有人会督促你前进，

    但有无数人准备替代你 / 191

5. 真正的执行力，要结果更要速度 / 194

6. 不要等待命令，强迫自己主动出击 / 197

7. 即使没人管你，也要做完工作再休息 / 201

第八章　从拖延到高效，你差的是时间管理 / 205

1. 时间观念混乱是拖延的成因 / 207

2. 桌面脏乱的人为何总拖延 / 210

3. 不做无关的事，进入办公室立即投入工作 / 213

4. 把手表调快，凡事提前五分钟去做 / 216

5. 把"黄金时间"都用在刀刃上 / 219

6. 培养有效的时间感知能力 / 223

7. 克服拖延，你需要一个截止日期 / 226

第九章　从负面情绪中抽离，正能量治愈拖延症 / 231

1. 控制情绪："我一烦就想'拖'" / 233

2. 忘掉为什么不做的自责、悔恨 / 236

3. 发挥情绪效能：心情好的人，工作效率高 / 239

4. 用行动来克服恐惧、担心 / 242

5. 绷得太紧时请停下来 / 245

6. 给自己积极的心理暗示 / 249

7. 让工作氛围积极起来 / 251

第十章　终结拖延症，改变错误的认知模式 / 255

1. "我天生就爱拖延"
　　——最可怕的事情是全然接受自己 / 257

2. "我太忙了,没时间"

   ——拖延不是因为没时间,而是时间太多 / 260

3. "哎,今天又要加班"

   ——加班可以向领导展示自己努力刻苦 / 263

4. "越到最后我才越有激情和爆发力"

   ——瞧! 我不努力也能把事情做好 / 267

5. "有人监督我就好了"

   ——如果你不想改,谁也帮不了你 / 270

6. "别人的事先做,我自己的事不着急"

   ——为了获得别人的赞扬和肯定 / 274

7. "早把事情做完,留出的时间做什么"

   ——避免被安排更多的工作 / 277

第一章

拖延正在毁掉你的完美人生

1. 因为拖延，工作堆积如山永远完不成

上班后，打开电脑后的那段时间，你是直接去处理当天的任务还是打开浏览器先浏览一下最近娱乐圈发生的八卦？领导分配下任务后，你会立马着手去办，还是先找找状态，稍后再开始执行任务？

情景再现

做新媒体运营的美娜在工作时必须登录微信和微博的桌面客户端，刚接触这份工作的时候她以为自己不会在工作的时间刷朋友圈和微博，但工作了一段时间之后她就养成了工作时聊微信、刷微博的习惯。

领导分配下一项任务后，她也不急着去做，而是先把正在看的这篇微博文章看完，先把微信上朋友发来的这条信息回复了再去做任务。微博经常性地一刷就是半个多小时，朋友的微信也是一条接一条地回复着，这样一上午就过去了。到了下午，脑子里迷迷糊糊的她做起事来效率也很难得到保证，下班时当天的任务肯定是完不成了，她只好把这天的工作推到了第二天。

习惯了熬夜追剧的她第二天睡眼惺忪地来到公司后却接到了一项极为复杂的任务，这让她心生烦躁，索性先处理昨天的

遗留任务，今天的任务先放在一边，这样一来她手里的工作就堆了起来……

理论链接

近日，某大型招聘网站推出了一项关于"职场拖延症"的调查数据，该调查的结果显示86%的职场人声称自己有"拖延症"，仅4%的职场人明确声明自己没有"拖延症"。可以说"职场拖延症"是现在大多数职场人共同面对的问题，甚至可以说"职场拖延症"成了一种职场中普遍存在的"职业病"。

在"职场拖延症"的背后其实是一种逃避的心理在作祟，我们在面对一些繁重的工作任务时，内心会产生很大的压力。心理学上有一条著名的压力曲线，它反映的是压力与效率的关系，这条曲线有一个临界值，当压力指数超过了这个临界值，它给任务的执行者带来的就是负面的效应。人在面对巨大的压力时会产生一些诸如焦虑、恐慌之类的消极情绪，在这些消极情绪的作用下，人就会产生逃避、拖延的行为。

"职场拖延症"也是畏难情绪的一种表现，处理起来更为困难也更为复杂的任务同工作量庞大的任务一样，都会给我们带来巨大的压力。

而巨大的压力消耗掉的是我们处理任务时必不可少的脑力和精力。因为我们在接手一件困难的事后都会不由自主地开始思考任务的解决方案，但那些困难任务的解决方案并不是很容易就能想出来的。在不断思索反复思考中，就逐渐把"思考解决方案"当成了处理任务本身。在不断思索解决方案的过程中，我们暂时性地避开了处理任务，获得了暂时的轻松，这是一种典型的畏难情绪，在这种畏难情绪的作用下，拖延就产生了。

现在越来越人性化的智能设备也是导致我们"职场拖延症"产生的重要原因之一。在大数据技术不断发展的今天，"个性化推荐"成了互联网的一个主要趋势，各类电子商务APP，新闻APP，社交平台，手机浏览器等等，都推出了"内容个性化推荐"的功能，这意味着我们的手机越来越懂我们的需求，越来越会迎合我们的趣味。

工作时你会时不时地就打开手机刷一刷微博，翻一翻新闻，这些行为导致了我们的工作被拖延。

当下年轻人普遍都有的熬夜习惯也会导致"职场拖延症"的产生。熬夜不仅会缩短我们的睡眠时间，大量实验也证明，熬夜看手机、电脑时，我们的眼球和大脑都处于一种极不健康的亢奋状态，这种状态将直接影响到人的睡眠质量。

睡眠时间短、质量差，都将导致第二天的工作没有充足的精力来支撑。在精力不足的情况下，我们效率低下，拖延任务，最终导致工作无法按时完成。

拖延对抗术

针对我们大多数人都会遇到的"职场拖延症"，以下方法能帮到你：

适时地断网、关机

为了避免智能设备耗去我们过多的工作时间，我们可以在工作的时候适时地选择断掉电脑的网络连接，让我们在使用电脑办公时更专注于工作本身。

手机也是一样的道理，工作的时候，我们要尽量让手机处于不联网的状态，开机是为了确保一些重要的联络不至于中断，但当我们在处理一些重要的，需要高度集中注意力的工作是，手机也要适时地关机。

与领导沟通或求助老同事

为了避免在面对困难任务时发生拖延，我们在遇到一时想不出解决方案的任务时应该及早与领导沟通，申请任务调整。工作中死磕某一项困难的任务并不是一种好习惯，及早地与领导沟通，申请更符合自己能力的工作才能确保工作中的高效率。

在遇到自己一时无法解决的困难时也可以向公司里经验丰富的老同事求助，他们丰富的工作经验在很多时候都能为你提供很大的帮助。

睡觉前半小时关机

为了确保晚上有充足的时间去获得更好的睡眠，尝试一下睡觉前半个小时把手机关掉。因为手机是导致熬夜的最主要的原因，关掉手机后你可以喝一杯牛奶，打开一本书，不急不缓地读上几页，这些都有助于我们提升睡眠的质量。

"职场拖延症"导致工作无法按时完成可能是你职业发展的最大阻碍，戒掉拖延，也就相当于为自己的职业生涯扫清了一大阻碍。

2. 因为拖延，原本可以解决的问题糟糕到无法收场

当你遇到了一件极为棘手的事情，你是不是也会选择把它留给明天？以为明天你的精力会更充足，明天的你在工作上会

更专注，更为重要的是，相比于今天时间的支离破碎，明天将会有一整天的时间让你去处理这件事情。但明天到来后你会发现，它并没有你想得那样美好，事情不仅没有被处理得当反倒因为拖延而变得越来越糟。

情景再现

临近年底，晓波迎来了一年里工作最忙碌的阶段，就在这时，他还有一件重要的事情要去处理，那就是买春运的车票。年底从北京发出的每一趟列车的票都很难抢到，一想到抢票晓波就一阵头疼，这时又正好被工作上的一些事情弄得整天心神不宁的，他就想："离放假回老家还有一段时间，先把工作上的事情搞定了再买票应该来得及。"

但等他把工作上的事情处理完后回老家的票已经卖得一张不剩了，朋友劝他赶紧买机票或者汽车票，他一查，汽车票还很宽裕，就打算买汽车票。但汽车票要到车站去买，刚忙完工作，想过一个轻松周末的晓波看到汽车票那么宽裕就打算下一周再去买票。

一周过去了，当晓波来到汽车站买票时原本宽裕的汽车票这时也卖得一干二净了，今年过年他只好只身留在异地他乡。

理论链接

导致拖延的原因有很多，但你在遇到棘手问题时所产生的拖延，大都是人固有的"趋利避害"的心理在作祟。

那些棘手的问题给你的心理带来了巨大压力，使你变得焦虑、恐慌、抑郁。为了躲避这些负面的情绪，你会选择采取拖延，来换取暂时的舒适。但大多数的事情都有一个截止日期，暂时性地逃避只是把用来处理任务的时间花在了安逸上,这样一来,处理任务的时间便被缩短了。

在不充足的时间里,处理棘手程度丝毫不减的任务,无疑是加大了难度。与此同时,焦虑、恐慌、抑郁等负面情绪也被扩大或加强。事情在其本身具有的复杂性和时间紧迫带来的压力以及事情处理者的负面情绪等多方面因素的综合作用下朝着更为恶化的方向转变,最终很可能导致场面失控,无法处理。

在把棘手的问题往后推的时候,还可能错过事情的最佳处理时机。在实际的工作中,我们会经常性地遇到一些对"处理时机"有着极高要求的事情。比如准备某项考试,事实证明,刚从学校毕业的年轻人因为其还延续着一定的学习状态和习惯,所以在毕业后尽早准备,能提高考试通过的几率。但准备考试是让大多数年轻人都头疼的一件事情,很多人会因此而在这件事情上产生拖延,这就让原本可以一次性通过的考试在多次准备后才得以通过。

把当前的棘手问题留给未来,其实也包含着对未来的错误估计。我们总是用过于乐观的眼光来看待未来,把未来过于理想化。在这个过程中,我们其实是在用一种抽象的视角来看待任务和自身,这种过于乐观的眼光将会忽视任务中许多恼人的细节,认为在未来任务会变得相对容易一些。

除此之外,我们还会高估未来自身的能力和专注度。"今天我工作状态不佳,这些复杂的任务一时难以处理得当,留给明天状态更好的自己,一切都会迎刃而解。"几乎所有把棘手问题往后拖延的人都会产生这样的想法。

高估未来自己的能力和专注程度时也高估了未来的时间利

用率，我们以为未来可以心无旁骛地专心处理这些棘手的问题，但当未来真的到来时你会发现，总有一些突发事件来干扰你。就比如你打算把一篇难写的稿子留到周日的上午，但真到那一天你会发现早起之后会有打扫房间、洗衣服之类的琐碎事情来侵占你的时间，使得你的时间利用率被降低，最终，稿子还是没能按时写完。

可以说，我们在"趋利避害"中拖延，并不能很好地躲避那些困扰我们的问题，反倒让本来有机会处理得尽善尽美的问题变得难以收场。

拖延对抗术

针对我们总是存在的"趋利避害"的拖延，以下这些方法能帮到你：

用倒计时制来计时

就像我们在上学时，教室里会放置一个"高考倒计时牌"，这个倒计时的工具能对我们起到很好的警醒作用，给我们带来一些紧迫感，促使我们抓紧时间，提高时间的利用率，这样做能很好地避免拖延。

例如，你有一个需要用两个月来完成的任务，你可以把这两个月换算成六十天，再剔除节假日，最后得出的天数就是你实际剩余的时间。把这个实际工作的天数写在手机的记事本上，每天递减。

开始后，慢慢调整

很多棘手的问题会让人产生一种无力感，我们在面对这些问题时很容易产生不知该从何处入手的苦恼。因为不知从何处入手，所以选择了拖延。解决这种问题，最好的方法就是直接去做，然后边做边调整，边做边纠正。

就比如你要写一篇很难写的稿子，但你根本没有一点思路，此时不应该把它放置一边等待灵感，而应该尝试性地写点内容，即使写得很不如意也没关系，边写边改，慢慢地你会越写越顺手，灵感也会慢慢到来，直至写出一篇让自己满意的稿子。

那些棘手的问题，留给未来并不会在未来得到很好的解决，反倒会因为未来的不确定性变得越来越糟。遇到了棘手的问题，马上着手去做永远是最好的选择。

3. 因为拖延，你可能错过了成为有钱人的机会

我们耳熟能详的"时间就是金钱"并不是一句空话，很多人抓住了时机一跃成为富人，也有不少人在拖延中错过了时机，也错过了成为有钱人的机会。

情景再现

微信公众平台刚上线的时候，一向对新事物比较敏感的郭玉静就抓住了微信公众平台的这个风潮，赚到了人生的第一桶金。

2014年3月的时候，还在大学读书的郭玉静看到校园里迎来了水果销售的旺季，她突然萌生了在微信公众平台上卖水果的想法。说做就做，她先花了一个月的时间来搭建她这个"幸福鲜果坊"网上商城，在这一个月内，平台的粉丝量很快就突破了一万，三个月后她就赚到了人生中的第一桶金。

随后，郭玉静就成立了自己的公司，靠着前几个月的经验积累和团队的不断扩大，她瞄准了校园市场上的其他商家，通过与商家的联合，她实现了从校内线上的点对点售卖商品到现在的通过构建网络平台全面推广线上移动购物的转变，这让她在校园里一炮走红。

现在学校里80%的商户都与她的公司建立了稳定的合作关系，而且他们的校外市场也在迅速延伸。

理论链接

有一句话在创业者之间广为流传——站在风口上，猪都能飞起来。这句话强调了时机和机遇对于创业者的重要性。对于创业者来说，一个好的机遇转瞬即逝，抓住了这个机遇就相当于赶上了通往财富的火车。因此，在财富面前是最拖延不得的。

在过去的十几年里，中国的房地产市场出现了极端繁荣的景象，无论是大城市还是小城市，都有过房价疯涨的一段时间。许多普通人士就是因为抓住了这十几年的房地产机遇期，通过银行贷款多买了几套房，从而使自己的财富在短期内迅速积累起来，一跃而跻身到了富人阶层。

与之形成鲜明对比的是当时的一些富人，他们把自己的财富全都储存在银行中，随着物价上涨，他们原本建立起来的财富优势也在货币的贬值中一点一点地丢失，最终从富人阶级沦为平民阶级。

在最近的几年里，互联网又带来了新的机遇，一大批紧跟潮流的企业应运而生，并迅速壮大。比如腾讯、阿里巴巴等企业。互联网的兴起除了让少数的创业者获得了巨大的财富，也通过资本市场给众多投资者带来了创富机会。

无论是企业还是个人，在机遇面前一旦表现出了拖延，错过的很可能是大把的财富和成功的机会。现在，网上还流传着这样一个充满调侃意味的段子：十年前，马云说开网店不要钱，那时候你不抓紧，错过了淘宝时代；五年前，马化腾说做微信不要钱，你又不抓紧，结果错过了微信时代。

近年来，美国哈佛大学的终身教授穆来纳森发现，贫穷者和拖延者之间有一个共同的思维特质——注意力被稀缺资源过分占据，而引起认知和判断力的全面下降。贫穷者和拖延者都处在一种极不正常的焦虑之中，这种焦虑会让他们的认知能力和判断能力全面下降。可以说，贫穷和拖延是一个互相作用的死循环，拖延会导致贫穷的发生，贫穷又将加重拖延。

拖延对抗术

为了避免因拖延而错过财富最终陷入贫穷的死循环，下面这些方法能帮到你：

养成看新闻的习惯

在我们国家，很多商机和机遇都是随着政策的变动而来的。而在这个信息时代，政策转化为商机所需要的时间越来越短。所以，无论你从事哪个行业，都要养成看新闻的习惯，跟着政策走，才不会被落下，才能及时地把握商机。

现在的新闻早已不是每天三段的《新闻联播》，各大主流媒体的微信公众号、官方微博都可以让你随时接收到新闻。多关注几个主流媒体的公众号，没事看一看能让你跟上时代的潮流。

关注前沿科技成果

一些先进的技术很可能会在未来改变我们的生活,就像现在的支付宝和微信一样让我们的生活方式发生了翻天覆地的改变。关注前沿科技成果能让你把握住很多市场的先机。

平时多浏览一些科技类的电子或纸质刊物,观看一些前沿科技的展览,参加一些科技公司组织的尖端产品发布会。如果你有一定的经济实力,可以购买一些前沿科技产品来体验。

阅读一些创业者成功的案例

在很多成功创业者的创业历程中,准确而及时地把握时机十分重要。阅读这些创业案例会逐渐在你心中构建一个"时机就代表着财富"的意识,久而久之,拖延症就被对财富的强烈欲望冲散。

避免拖延可能跻身富人阶层,而持续拖延则必将加重贫穷,孰优孰劣,一目了然。

4. 因为拖延,你的健康岌岌可危

很多人都有"小病拖,大病抗"的习惯。身体上出现的一些小的异常没当回事,或者胡乱吃点药就不再留心,但很多致命性的疾病正是由这些小的症状引起的。身体上的问题其实是最禁不起拖延的,小病症的拖延有的时候真的会酿成大问题。

情景再现

刘栋是一个非常有活力、有想法的人,他早早地就从学校里出来在社会上打拼,白手起家,不到四十岁就有了三套房产和几百万的资产,在他那个小圈子里算是一名成功人士了。

去年他在国外出差,偶然在外国进行了一次体检,体检的结果显示他的肝脏上有一块小的阴影,当时的他正生龙活虎地忙着干自己的事业,再加上他向来健壮,极少生病,也就没当回事。

过了半年,他感到自己在工作时不如以前那样精力充沛了,他以为是最近太累的缘故,休息休息就没事了,但一段时间之后情况不仅没有好转,反倒越来越严重,他赶紧到医院彻头彻尾地查了一遍。结果出问题的就是半年前肝脏上的那块小阴影,医生告诉他:"如果你半年前就接受治疗,很容易就治愈了,现在怕是要费不少时间,如果你再晚来一段时间,情况就更严重了,能不能治愈就不好说了。"

刘栋听后出了一身冷汗,看来这身体上的问题还真不能拖,小病一拖还真会变成大病。

理论链接

平日里总会时不时地就听到类似于"单位里的某位同事,身体一直很好,就是有点小毛病,因为没当回事,最终这个小毛病要了他的命"的惨剧。其实身体上出现的一些小问题都可以说是身体发出的一种信号灯,但我们常在这些小问题上表现出拖延,或者不当回事。相信它"过几天就没事了",或者根据自己的经验胡乱吃点药。但这些行为都有可能将这些小问题暂时地隐藏起来,使之得不到彻底解决。

这其实也是拖延症的一种表现,拖延之中你掩盖了病变的过程，致使病情朝着越来越恶化的方向发展，直至危及到自身的生命。

其实大多数的不治之症在发病初期并非是不可治愈的，这也是为什么医生总会说："早发现，早治疗。"就拿让人闻风丧胆的癌症来说，就目前的医学发展水平而言，多数早期以及某些中晚期的实体瘤，比如早期的肺癌、胃癌、结肠癌、乳腺癌等等，很多都有可能通过某种方法治愈。这其中"早发现早诊断早治疗"是关键。

即使是一些很难治愈的不治之症，只要及时发现并治疗，现在发达的医疗技术也能在稳定病情的基础上延长患者的寿命，并为其减轻病痛的折磨。相反，如果有人在健康问题上总是拖延，则很可能把小的病症酝酿成不治之症。

拖延对抗术

如果你在日常生活中遇到了以下健康信号，请不要再忽视和拖延，尽快就医也能尽早恢复健康：

疲劳乏力

周身感觉疲劳乏力是癌症发展常见的表现，对于白血病、肠癌和胃癌来说，可能发病初期就会感到疲劳。疲劳也见于正常人，但癌症的疲劳乏力不同于普通疲劳，普通疲劳休息一下就会消失，而癌症的疲劳不论怎么休息，都会觉得难以改善。

体重下降

如果既没有增加运动量，又没有减少饮食，体重却莫名其妙下降，那就应该及时体检。因为肿瘤会影响新陈代谢，降低身体吸收蛋白质和油脂等营养物质的能力，消耗肌肉和脂肪。

酗酒的人和有家族病史的人应该格外注意。

吞咽困难

长期的吞咽困难,进食时出现胸骨后疼痛,食管内有异物感、消化不良等状况,可能是喉癌、食道癌和胃癌的征兆,应该尽早接受 X 光胸透或胃镜检查。

应对方法

定期体检和遇到异常症状后及早就医是保持健康的不二法门。很多疑难杂症都有一个潜伏期,养成定期体检的习惯能尽早发现病症,并及时做出相应的治疗措施,防止病症进一步恶化。

了解家族病史也能很好地预防一些难治的病症,很多疾病都有遗传的特性,即便是一些现在医学无法证明其是否存在遗传风险的疾病,如果你家族之内的某些成员曾患过,那么你患该疾病的风险就要比常人更高一些。因此,了解家族病史,能做到将一些疾病防患于未然。

"身体是革命的本钱",如果你的身体上出了一些小故障,千万不要拖延,请及早就医。

5. 因为拖延,你沦为了"剩男剩女"

还记得《那些年,我们一起追的女孩》中的片段吗?柯景腾本可以追到沈佳宜,但在感情上出现了拖延的他最终错过了自己心中最美的女孩。现实中也是如此,很多人因为感情上的拖延,错过了生命中最重要的人,最终沦为"剩男剩女"。

情景再现

张佳大学的时候是一名学生干部,她在大三的时候喜欢上了温文儒雅、风度翩翩的学生会主席。但这位男生是一名大四的学生,不久之后就毕业了,舍友们劝张佳在学长毕业之前把自己的想法告诉他。直到学长快要毕业了,张佳又以准备考试为由,迟迟不敢向学长表白。

不久,学长毕业,她也成了一名每天忙着准备公务员考试的准毕业生。偶然的机会,张佳得知学长毕业后住在学校周围正忙着准备考研,她喜出望外,打算找机会向学长吐露心声。她本打算公务员考试结束后就向学长表白,哪想学长考研准备了一半就只身去北京了。

后来,张佳在本地做了一名银行职员,才貌出众的她在单位里很受欢迎,不少年长的同事都撮合她和先她一年到来的同事小刘。小刘一表人才,张佳和小刘都对对方有好感,但面对同事们的撮合,张佳总以正在准备初级会计考试为由推推搡搡。

半年后,公司里传来了小刘已经订婚的消息,张佳心里很不是滋味。之后,张佳身边再没出现过让她满意的男孩,她不得不在一次次相亲中逐渐沦为"剩女"。

理论链接

最近网络上又衍生出一个新的词汇"爱情拖延症",它指的就是那种遇到了爱情不敢放手去爱,总是蠢蠢欲动却又畏首畏尾的行为。

这个新词汇的出现瞬间说到了许多年轻人的心坎里,他们遇到自己心仪的男孩或女孩时总会表现出"爱情拖延症",甚至有的时候对方已经明确表示自己愿意交往,他们仍旧难以下决心去促成这段感情,而是采用"拖着"这种不接受也不拒绝的暧昧态度。这样的行为很容易变成一种习惯,致使有这样习惯的人错过一段又一段美好的感情。

在爱情上表现出拖延,很多人是因为"不敢"。他们不敢去表明自己的心意,担心对方拒绝。一来这是对自己的一次打击,对方的拒绝打破了自己之前搭建起来的所有美好幻想;二来拒绝之后的尴尬局面究竟该如何收场也是个棘手的问题,本来是奔着做恋人去的,对方一旦拒绝,要不要继续做朋友?以后该如何去相处?

遇到了让自己心动的人后,大多数人都会把对方过于理想化,然后主动地、自发地为对方勾勒出一个近乎完美的形象。在理想化对方的同时,这些人又会把自己过于卑微化,把自己的缺点无限放大。在"门当户对""配得上与配不上"等传统观念的主导下,这些人会认为自己"不够资格"成为对方的另一半,但又舍不得放弃,于是在纠结中陷入了拖延。

也有相当一部分带有"爱情拖延症"的人总喜欢以各种各样的借口来拖延爱情的酝酿和发展,"等工作稳定了再恋爱吧!""等研究生毕业再恋爱吧!""等想结婚的时候再恋爱吧!"这其实是一种单线程的思维模式,在这种思维模式的作用下,会把工作稳定、研究生毕业这类事情当作了恋爱的前提。但事实上这些事情与恋爱并不相关,两者彼此独立,互不冲突,你完全可以采取多线程的任务模式,在找工作时谈恋爱,在读研时谈恋爱。

过往失败的或让人痛苦的感情经历也是导致人们在爱情上

表现出拖延的一大原因。过往的情感经历对人的影响非常大，过于悲痛的过往会让人意志消沉，变得颓废，对爱情失去信心。当爱情再次来临时，他们出于一种自我保护的心理，会在感情的行动上表现出迟缓、拖延。

但爱情是最不能等的，在等待中人对感情的渴望程度和专注程度都会慢慢降低，直到你不再渴望这段感情，最后唯有看着它从眼前溜走。

拖延对抗术

以下这些方法能帮你克服"感情拖延症"，尽早收获自己的爱情：

感情事件记录分析法

针对那些不确定对方是否对自己有好感因而迟迟不敢去追逐爱情的人，你可以把你们之间发生的一些事情记录下来。为了避免之后的分析出现断章取义的现象，前期的事件记录一定要把事件的起因、经过和结果都完整地记录下来。如果你们的一些交流发生在手机的社交软件上，可以把这些交流用截图的方式保存下来。

记录下来的事件要进行分析，但不可在当时分析，当时的你仍处在当时的情境之中，往往带着浓重的感性思维，这会影响到分析的客观性和准确性。你需要把这些事件放置一段时间，等自己跳出感性的思维模式再去重新回顾并分析。这样的分析可以帮你决定要不要去追逐这段爱情。

每天在相同的时间做相同的事情

如果你有一个心仪的男孩或女孩，在你不确定对方是否愿意进一步和你交往的情况下你可以每天在固定的时间或地点与他做同样一件事情。比如偶然的机会你们连续几天一起上班，你可以把这种偶然发展成一种你们之间共同的生活规律。长期下去如果对方没有打破这个规律，那就意味着对方也可能对你存在着好感，你就可以尝试着把这段感情升华为爱情。

找专业的人士咨询

如果你在感情上表现出了严重的拖延，不知道自己究竟应该更进一步，确立情侣关系，还是退一步维持普通朋友的关系时，你可以找专业情感心理咨询人士进行咨询。在专业的咨询之下你能获得一个更为正确的答案，进而摆脱"爱情拖延症"。

有人说："爱情可以等待，但爱情经不起等待。"如果遇到了爱情就大胆地去追逐，爱情上的失败并不可怕，没有经历过几次失败的爱情又怎么能找到真正陪你一生的人。

6. 因为拖延，你陷入焦虑绝望的漩涡

我们把那些不想做或一时不知道如何去做的任务往后拖延时，其实就是在躲避这些事情带给我们的焦虑与绝望。但暂时的逃避只会让负面情绪被放大，最终让你陷入焦虑与绝望的漩涡中，难以脱身。

情景再现

刚参加工作的那段时间，张欣一直处于一种不正常的焦虑中。工作先后换了三份都没有找到合适的，身上的钱一点一点

地减少,性格要强的她又不想开口和父母要,眼看着生存都成问题了。

求职的几次失败对她打击不小,从最后一个公司离职之后她整天窝在家,哪也不去。父母劝她赶紧再找找工作,但她以没看到合适的岗位为由拖着。渐渐地朋友们都在自己的岗位上稳定了下来,只有她还窝在家里。父母这时候难免会唠叨两句,自己精神上的压力,再加上父母的唠叨,让本就焦虑的她心情越发不好了,不久她就病倒了。

理论链接

可以说焦虑是这个时代的时代病,特别是那些生活在大城市里的年轻人,他们中的很多人都长期处于焦虑之中。焦虑导致了他们的拖延,而拖延的行为又会加重他们的焦虑,最终酝酿出一种被称为"绝望"的极端情绪。

现在的年轻人从离开学校的那一刻,就要面对突然涌来的各种各样的压力。生活在这个社会中,他首先要面对的是生存上的压力;在整体就业环境不够乐观的大背景下,就业的压力是大多数年轻人都无法躲避的一种压力;由于社会中通行的认知模式和思维模式与年轻人在学校里培养出来的认知思维模式不同,导致他们在刚刚步入社会的时候还要面对巨大的社交压力。除了这些,还有数不尽的压力包围在年轻人的周围,致使大多数的年轻人都间断性地或长期性地处于一种焦虑的状态中。

心理学家罗洛梅在《焦虑的意义》里提到:恐惧是我们面对着威胁,并知道具体的威胁是什么,但是焦虑是我们知道自己面对着威胁,但是却不知道威胁自己的对象是什么。可以说,焦虑是一种眩晕、混沌而持久的心理状态。焦虑使我们失去了平和的情绪，在面对一些外来压力时会做出一些防御性的举动来逃避这些压力，逃避之中，拖延就产生了。

在焦虑中产生了拖延，而拖延并没有缓解焦虑，反倒一再加重。拖延之中我们会采取打游戏、刷微博、看视频等方式来缓解自身的焦虑，但压力得不到彻底解决，它仍旧停在那里，不停地给在拖延中的我们制造恐惧，使我们的焦虑更为严重。

持续性的焦虑与拖延最终衍生出"绝望"的极端情绪。绝望通常是在极度渴求而终究得不到满足的情况下对某件事情彻底失去了信心的一种极端消极情绪。焦虑和拖延导致了人们不能直面眼前的压力，问题迟迟得不到解决，久而久之，人们就会彻底放弃这件事情。

就好比一个有正式工作的人想要创业，但处在焦虑与抑郁中的他在创业这条道路上持续性地拖延着，久而久之，他创业的念头越来越淡，直至他逐渐放弃了创业，这就是一种典型的绝望状态。

值得注意的是焦虑和绝望都会给人的健康带来一定影响。焦虑会使人坐立不安，情节更为严重者还会出现心悸、手抖、出汗等状况，这都是焦虑影响健康的信号。而绝望的人常伴随着恐惧，他们会表现得意志消沉，消极懈怠，情节严重者还会出现心律加快、血压升高、颤抖等生理反应，身体健康受到了直接的影响。

拖延对抗术

在焦虑、拖延和绝望三者中，拖延只是一种表现形式，这

一系列现象产生的主因还是焦虑,以下的这些方法能帮你对抗焦虑,杜绝拖延:

长跑

现在的医学已经证明跑步可以提升人体内神经递质如内啡肽和大麻酚的水平,从而改善情绪。因此,长期焦虑的人可以通过长跑来改善情绪,对抗焦虑。

在长跑中选择一段环境优美,清洁干净的道路能让跑步对抗焦虑的效果更为明显。但长跑中要注意跑前跑后都要做好拉伸运动,冬季长跑要预防感冒,夏季长跑要防止中暑,早晨长跑要挑空气,晚上夜跑要注意安全。任何形式下的长跑都需要用一双缓震性能好的跑鞋来保护你的膝盖。

登高

古人在郁郁不得志时常会去登高,站在山巅体验"一览众山小"的气魄,这样的行为常会让他们一扫胸中的郁结。我们在焦虑时也可以采取同样的方法,选择一座附近的山,周末约上三两好友,登山观景,放飞心情。

学习一门艺术

艺术能很好地转移人的注意力,陶冶人的情操,使人由焦虑变得平和。利用业余时间,你可以学学画画、书法或者某种简单的乐器。在工作之余自己练一练,当你全身心投入其中时,焦虑会在不知不觉间得到缓解,长期坚持下去,你的心境也会更加明朗。

不要指望拖延能缓解焦虑,它只能让你的焦虑变本加厉,解决焦虑的最好方法是直接行动。

7. 因为拖延，挫败感周而复始

很多时候，我们都会耍这样的小聪明——用迟迟不开始执行来避免任务的失败。这就是一种拖延，这种拖延是为了躲避挫败感，但它真的能让人避免挫败感吗？

情景再现

升了职之后，张超在工作中有了拖延的迹象。半年前，张超因为工作业绩出色，工作能力强，被领导提拔到一个管理的岗位上。在新的岗位上，张超也曾斗志满满，他满怀激情地带着他的小团队做了几个项目，但难度系数并不高的这几个项目并没有取得预期的效果，反倒犯下了一些低级错误，这对张超的打击很大，之后再做项目时他的热情明显就降下来了。

现在，领导每安排下一个项目，张超总是拖着。大大小小的会议一个接一个地开，下属们的方案也一个接一个地往他这边递，但张超还陷在前几次失败的阴影中难以自拔，始终没有足够的信心去开始新的项目。

直到客户打来电话，反复催问项目的进度，他才不得不开始工作。自己信心不足，再加上客户不停催问，他只能在匆忙之中把项目草草做完，交给客户。不久张超就收到了客户的反馈，他预想客户的反馈一定好不了，但没想到客户直接要求项目重做，这让领导大发雷霆，张超也陷入了深深的挫败感中。

理论链接

我们在面对一些自身的能力不足以胜任的任务时,为了不至于暴露自身能力的缺陷,时常会采用拖延的方式,以既不开始也不回绝的姿态来对待这项任务。

这其实是一种小聪明,勉强维护了自己光辉的形象,但这样的行为往往因小失大,拖延之后,终究要去面对那些困难的任务,任务执行失败后产生的挫败感又将导致我们下一次任务的拖延,这样就陷入了一个恶性的循环,周而复始,无法脱身。

相信大多数人都曾有过这样的经历:一件事情在还没开始之前,我们会认为它难度系数很低,不用花费多少力气就可以做好,但真的去做了,却发现执行中会遇到许多的阻碍,最后事情的结果也没有达到我们预期的效果。就比如做菜,一道看似很简单的菜,我们以为自己照着菜谱就可以做得色香味俱佳,但菜品出锅以后你会发现,自己做的菜离预期还有不小的距离。

一些人的拖延就是在利用这个原理,拖延让他们避免遇到很多现实性的问题,也让他们为自己构造出一个理想的形象,为了让这个形象不至于"露馅",他们会无休止地拖延下去。

也有一些人用拖延来表达一种消极的反抗,心理学上把这种行为称为:用非暴力不合作的被动攻击来获取自主控制权。

就比如你的领导给你安排下一个你不愿执行,但又不得不去执行的任务。为了表达自己的不满,你会在任务执行中极尽拖延,你一面拖延,一面给自己的执行不力找理由,最后任务没有按时完成,领导向你发出了责问,你会把预先准备好的理由和盘托出,有理有据地告诉领导:"我确实尽力了,但就是没做好。"

这种消极抵抗的行为并不值得提倡，面对不得不接受的命令时你首先就会产生一种挫败感，消极抵抗中虽然你向权威发起了反抗，但这只能缓解挫败感，并不能彻底根除。而且这种消极抵抗会逐渐破坏你和领导的关系，导致你长期得不到领导的重用，你的挫败感会因此而加重。

以上的这两种行为模式都是只看到了短暂的收益，没看到长久的亏损。当你的这两种行为模式成为了一种习惯时，你就会陷入一种拖延的怪圈中：为避免挫败而拖延，拖延加重了你的挫败，挫败感又酿成了下一次的拖延。这样的循环周而复始，最终将给你带来长久的困扰。

拖延对抗术

针对拖延导致的周而复始的挫败感，以下这些方法能帮你走出挫败的怪圈，重新建立起自信：

问清楚对方的目的和想要达到的效果

很多时候，我们会因为低估任务的难度系数而贸然接下一些超出自己能力的任务，这样执行任务时通常就会表现出拖延，而结果往往会加深我们的挫败感。为了避免这些负面的影响，在接受任务之前，我们要问清楚领导或客户的具体要求以及想要达到怎样的效果。

这样做能让你更加高效地开展工作。同时，弄清楚了对方的目的和想要达到的效果后，根据自己能力和精力对这个任务做个评估，当能力或精力不能满足工作的需要时你可以适当地回绝。

拖延一旦发生，立马向外界求助

在执行一些超出自己能力范围，却又不得不执行的任务时，很容易在执行过程中因受到了阻碍而陷入拖延,进而产生严重的挫败感。为了避免这样的情况发生,你应该在拖延产生的那一刻立马向外界寻求帮助。

你可以向身边的老同事请教具体的解决方案,也可以通过网络社交平台寻求网友的帮助,外界的帮助能帮你打通任务执行的整个流程,避免拖延的产生,进而提升你的成就感。

为了避免拖延和挫败感,直面自己的缺陷和不足很重要。正视自己的短板,承认自己的不足,尽量做自己能力范围之内的事情,就能在很大程度上避免拖延和挫败感。

8. 因为拖延,万事成蹉跎

小时候背诵的《明日歌》告诉我们:我生待明日,万事成蹉跎。其实很多事情就是这样,不是它有多好,只是错过了就不会再有下一次的机会。

情景再现

大学毕业后,吴慧敏在一家培训机构做了一段时间的英语培训师,之后她就逐渐爱上了教师这个职业,她打算考一个教师资格证,然后再找机会考进一所公立的中学,做一名有编制的教师。

她把这个想法告诉了闺蜜,闺蜜也同意她的决定,就劝她赶紧买资料开始复习,现在准备还赶得上最近的一次考试。但吴慧敏却说:"这段时间工作太忙,根本脱不开身,忙过了这段时间,就静下心来好好准备。"

但工作忙完后,她获得了一周的休假时间,她借着这个休假出去疯玩了几天,教师资格证的事情被彻底抛在了一边,后来的考试她自然没有参加。

一年后,吴慧敏所在的那所城市的公立学校开始大规模招聘各科教师,并且提供全额事业编制,但明确要求应聘者必须拥有教师资格证。吴慧敏看着这个大好的机会白白从眼前溜走,心中只剩下了悔恨。

理论链接

我们的拖延并不都表现在一些我们"力所难及"的事情上,即便是一些力所能及的事情,我们仍旧会拖延,有人把这种行为称为"执行力差"。在力所能及的事情上表现出的拖延会让一些原本可以达成的预期目标最终搁浅,致使错过了很多可以改变自己命运的好机会。

执行力差导致的拖延主要是我们自身内部的原因。执行能力的强弱是由我们的意志力决定的,如果说执行力是发动机,那么意志力就是让发动机运作起来的汽油,因此,意志力是为执行力提供能量的资源。但这种资源是会消耗的,在执行不同的任务时意志力消耗的量也不尽相同。

我们都有这样的经验:做自己喜欢做的事情要比做自己不喜欢做的事情持续的热情更长。这就是因为做喜欢的事情所消耗掉的意志力远远低于做不喜欢的事情。反过来讲,你之所以在某些任务上表现出了拖延,很可能是因为你身体内部没有足够的意志力去支撑你去执行这项任务,也就是说,这项任务很可能是你本身极不愿意做的。

当然，在力所能及的事情上表现出了拖延还有一些自身外部的原因。我们在任务执行的过程中总会遇到一些不可控的因素，比如一些突发的事件，难以抵御的诱惑等等。这些因素的干扰也让我们在力所能及的事情上表现出了拖延。

这些干扰我们的事情中，一部分分散了我们的注意力，比如你在读书时，隔壁装修的大分贝噪音会让你无法专注；一部分侵占了我们的时间，比如你原本打算周末加班，突然收到了好友的婚礼请柬，你不得不牺牲加班的时间去参加婚礼；还有一部分是你难以抵御的诱惑，比如你原本打算晚上写写工作总结，但当晚正好有你最爱的综艺播出，挣扎之后你还是选择舍弃工作总结，去追综艺。

现实生活中导致我们执行能力差的内外因并不总是彼此独立发生作用的，它们大都会交互发生，同时对我们造成干扰，进而导致我们在力所能及的事情上产生拖延。

拖延对抗术

对这种在力所能及的事情上发生的拖延，下面这些方法能帮到你：

选择一个安静简洁的任务执行环境

一个安静简洁的任务执行环境会直接排除一些物质上的干扰，使你的注意力不会被杂乱的物品、嘈杂的声音分散掉，这样你将能在执行任务时做到专注。

在实际的操作中，你既可以选择一个安静简洁的环境，比如一些咖啡馆、书店，也可以自己营造一个让你更加专注的环境。你可以把任务执行的房间好好整理一遍,把会让你分心的物品全都清理出去。

罗列任务执行给你带来的好处

针对那些常常诱惑你的因素,你可以把执行任务给你带来的好处一条一条罗列出来,再把对你造成诱惑的因素所具备的优势也都一一罗列,然后拿二者进行对比。这样的行为可以放大你执行任务的欲望而降低你受诱惑的程度。

断网

可以说网络是人集中注意力最大的克星,网络上形形色色的信息不仅分散了你的注意力,通过网络传来的一些信息也常常会带来一些突发的事件。为了避免受到干扰,你在任务执行时要做到断网。

不用担心一些重要的事情被错过,因为通过网络传来的事情大都是一些可有可无的事情,而一些重大的事情人们通常都会选择打电话。

因拖延而错过一些好的机遇是最让人悔恨的,遇到了机遇要扫清一切干扰,及时地去抓住它。

第二章

越拖延越纠结,小心进入等死模式

1. 布里丹毛驴效应——别让优柔寡断害了你

罗曼·罗兰说:"很清楚,前途并不属于那些犹豫不决的人,而是属于那些一旦决定之后,就不屈不挠不达目的誓不罢休的人。"犹豫不决有的时候也是一种拖延,我们拖延的是直面心中那个选项的勇气。

情景再现

王佳各方面都很优秀,从小到大她都是大家眼中的好学生,唯独犹豫不决的性格实在是让人无法忍受,连早餐吃什么这样的问题,她都会犹豫半个小时之久。大学刚毕业的时候,她由于成绩优秀,通过考核后,同时被两家不错的公司录取了,结果她竟然由于没法决定去哪一家,导致两家要求的到岗时间都错过了。

目前王佳在一家文职公司工作,虽然她的工作态度一直都很认真,工作完成的质量也不错,但由于她犹豫不决的性格,总是会耽误一些事,给领导带来麻烦,所以平时还是没少挨领导的批评。这种性格让她很困扰,她也不知道该怎么办了。

病例分析

王佳有能力做好事情,但就是由于决断力太差,拖延了许多工作，所以造成了今天的后果。在很多问题上，我们总是无法果断地做出选择，很难下定决心，而这些问题的起因就是取和舍。之所以难于取舍，是因为我们面对选择的时候，出现了"布里丹毛驴效应"，导致难以做出抉择。所谓"布里丹毛驴效应"是由大学教授布里丹提出的，是指决策过程中产生的犹豫不定、迟疑不决的现象。在这个著名的实验中，面对两种喜爱的食物却无法抉择的毛驴最后活活饿死了。

事实上，有很多人生中不起眼的抉择，都可能是转变我们事业轨迹的重大时刻，这些微小的抉择影响了我们人生的方向。至于取什么舍什么，往往取决于我们的人生观和价值观。为什么会犹豫不决呢？主要是因为没有清晰的目标，或者不明白做某件事情的目的。所以一些时候，我们的选择往往看似非常随意。

历史上有句古训："鱼，我所欲也，熊掌亦我所欲也；二者不可得兼。"毛驴效应出现的缘由之一，正是因为违背了这条古训，想得到鱼，又想得到熊掌，其行为结果是鱼和熊掌都得不到。这种思维与行动方式，表面上看是在追求完美，实际上是贻误良机，是在可能与不可能、可行与不可行、正确与谬误之间错误地选择了后者，是最大的不完美。

我们在工作中经常面临着种种抉择，这些抉择往往与事业的发展关系密切，所以我们都希望得到最佳的结果，因此常常在抉择之前反复权衡利弊，再三仔细斟酌，甚至犹豫不决，举棋不定。但是，在很多情况下，机会稍纵即逝，并不会留下足够的时间让我们去反复思考，反而要求我们当机立断，迅速决策。如果我们犹豫不决，就会两手空空，一无所获。

在多数情况下，陷入"毛驴效应"的人在面对某种趋势时，往往会再三比较哪个好哪个坏，这样一来，就会陷入复杂的思想挣扎之中。这类人大都不能独立思考，没有清晰的目标，总是人云亦云，缺乏主见，这样就不可能做出正确的决策。如果不能有效运用自己的独立思考能力，随时随地因为别人的观点而否定自己的计划，就会使决策出现无限期的拖延，也就是所谓的犹豫不决。

他们总是好高骛远，眼高手低，不懂得把眼前的机会抓住了，把手头的事情办好了，就意味着成功。其实，与其在那里好高骛远地谋划，绞尽脑汁地编织出一个又一个方案，无法抉择，还不如面对现实，抓住机会，竭尽全力，把眼前最重要的事情办好。

拖延对抗术

性格过分犹豫的人迈向失败的过程，通常是缓慢的，他们往往担心一个过错就导致彻底失败。幸好，要改正这项缺点却能够很快实现，拒绝"布里丹毛驴效应"，我们只要遵循下面几点就可以做到：

排定优先级

这个办法看起来十分普通，但对性格过分犹豫的人而言，就没那么容易了。首先，列出你将要面对的问题，然后找出一两个最重要的，需要马上做出决策的事情。圈选出来后，给自己设定一个收集资料的时间限制，告诉自己一定要做到。重点在于随时提醒自己：就算做出的决策不好，也比完全不做决策要好。

做些不一样的事情

过分犹豫的人往往都过分谨慎，对于陌生的事情会提高戒备，而放下戒备最好的方法，就是做一些从未做过的尝试。假如你从未走在工厂的地板上，那就去走走看；假如你从未加入会议的争辩，那就试试看。等你发现这些新鲜的事也没那么可怕时，就已经跳出过分谨慎的条条框框了。

面对内心最深的恐惧

过分犹豫的人总是下意识地否定心中"最糟情况"的想象。当你刻意留心你的恐惧，就能削弱它的影响。把它说出来，不要逃避心中担忧的最糟状况，这将有助于刺激你采取相对的行动，避免陷入"毛驴效应"之中。

陷入"毛驴效应"并不可怕，关键是如何用正确的方法去对待它，并走出它的圈子，"毛驴效应"只会让我们越来越纠结，越来越拖延，最后束手无策坐以待毙，我们必须坚决拒绝"毛驴效应"给我们带来的消极影响。

2. 你那么纠结，就在于选择太多

有个问题值得大家好好考虑一下：可供选择的余地越多究竟是好事还是坏事？其实，太多的选择并不只代表着你拥有更多的自由，也意味着你很可能在过多的选择面前迷失方向，最终因选择造成的拖延而迷失初心。

情景再现

郭思婷是一名优秀的外企员工,重点院校毕业的她,目标一直是考取日本国立大学的研究生。为了这个目标,她放弃了工作三年的岗位,苦学日语,毅然加入了赴日考研的行列,不过赴日学习之前,必须要先发研究计划书过去,获取对应大学教授的批准才有机会进入大学学习。

郭思婷虽然决定考研,但是并没有想好进入什么领域,所以她一共投递了10所心仪的大学,然而可笑的是,居然没有一封投递书通过审核,原来,她投递的日本国立大学的教授之间都互相熟悉,互相之间什么学生投递过研修书基本都清楚,而她选择一次性投递给这么多教授,这样的行为无异于自毁声誉。最后出于无奈,她只好选择了名声很小的一所日本二流大学进行就读,实在是非常可惜。

病情分析

郭思婷由于选择太多,最后导致了无奈的结果。在日常生活中我们和郭思婷一样,时常会有很多选择,然而这些品种繁多的选择有时候却恰恰成了困扰,让人纠结,无从下手。

我们都有过去小商店里买一支牙膏却面对摆满货架的各种牙膏品牌和种类无从下手的经历。先不说各种熟悉的和不熟悉的牙膏品牌,光是某个品牌的牙膏就有各种不同口味,针对不同人群的清洁要求的款式:防龋齿、美白、口气清新或者更健康的防过敏。各种牙膏售价不同、口味不同、颜色不同,若是真要细细分析比较,恐怕得挑到商店打烊。

让我们无从下手的不只是选择过多——还有每种选择背后涵盖的海量信息。经过社会科学家研究证明，商品选择和信息过多，会让我们错误地认为选错带来的风险很高，但实际上事情并没有我们认为的那么糟糕。我们之所以如此认为，是接纳信息过度的结果。过多的选择和信息会让人们对一件事情的重要性产生误判，这种误判大多时候又会把小的问题复杂化。就比如买牙膏这样的小事。

有社会学家指出，网络会让这种情况变得更加糟糕。一次简单的网页搜索可以得到成千上百个结果，信息量给足了，可我们不得不从大量的搜索结果中苦苦筛选需要的页面。

我们真正的问题是如何找到完美之选。当人在做决策时，不仅仅想要得到，而且害怕错过更好的选择。通常我们悔恨最多的，其实是分析对比每个微小信息所花费的时间，这会导致我们产生挫折感和疲劳感，削弱我们的决策能力。

有时候，我们之所以失败，不是因为选择太少，而是因为我们选择太多。选择多了，反而一事无成。走的路大多太杂，反而到不了目的地。正所谓"自古华山一条道"，在工作上也是如此，看上去不错的公司很多，机会成千上万，但是真正想成功，必须精挑细选其中的一个。

拥有大量的抉择，就相当于无法抉择。选择的可能性越广，越容易对自己的选择持怀疑态度。当你面前只有一条道路时，你会坚定不移地走下去；当你面前有多条道路时，你就会无所适从，甚至做出错误的选择。机会越多，越容易迷惑自己，越容易让真正的机会在你犹豫不决的时候悄悄溜走。

拖延对抗术

针对选择太多造成的拖延问题，美国的盲人讲师 Sheenalyengar，为我们针对性地做出了四点解决方法：

精减

少就是多，我们在抉择的时候，干脆放弃一些没用或用处不大的东西。演讲者在这里举了宝洁的例子，当宝洁把海飞丝的品种由 26 种降低到 15 种的时候，它的销售额反而上升了 10%。这对一个企业而言，无疑是一个很好的决定，减少品种，意味着生产线减少，成本自然降低，同时，减少了品种后的销售额上升，企业的净利润自然高了。

具体化

将选择具体化，才能更加融入现实、便于执行。因此我们在做选择之前，一定要弄清楚这项选择所要达成的具体标准以及实现它的具体方式。比如我们想要提升自己，仅仅一句"我要变得更好"的口号是不够的，我们要明确要在哪方面对自己进行提升，用时多久，通过什么途径等等，只有明确了这些具体的内容，才能让我们的选择和计划变得更加切实可行。

分类

将选择整理分类，能帮助我们看清它们的区别。其实将很多选择分类后会发现，我们能承受的类别比选择多。同时，也要避免一些无用的分类，毕竟分类是为了方便我们更快地做出选择，而不是加剧我们选择的难度。

从简入繁

面临一连串选择时，不妨从最简单的选择开始，形成自己的选择顺序，一个轻松的开始，会让我们更有动力去参与。

这四点可以帮助我们更好地做出选择，而从选择中获益的关键是对选择挑剔一些。对选择越是挑剔，越能掌握选择的艺术，避免过多的选择让我们无从下手，从而带来拖延的烦恼。

3. 纠结要不要做一件事？去做！

当你在纠结要不要去做一件事情的时候，心中其实已经有了去做的念头。既然想做还有什么好顾虑的？就像约翰·菲希特说的："行动，只有行动，才能决定价值。"

情景再现

孙静怡毕业后来到一家室内设计公司实习，在过完一个月的业务培训之后，公司分配给孙静怡一个简单的家装设计任务。唯一的困难，就是听说这个户主是个很难缠的人，给的费用不高，但是对设计却很挑剔。

孙静怡之前在学校专业上很下工夫，对于专业性的问题她并不担心，唯独在人际交往这一块，她很不在行，因为她一直是个内向的姑娘。公司留下客户的联系方式后就全部委托她来交涉了，结果她因为那些无谓的担心，始终都不敢主动去联系这个客户，直到最后客户找上门来投诉，领导出面劝解这位客户,并派了另一位设计师来做这个方案,才解决问题,结果事后,孙静怡不仅挨了骂,工作也丢了。

理论链接

孙静怡的胆小只是一方面,最重要的是,她缺少一位优秀员工所需要的大胆执行力。在职场中,行动力是决定个人事业发展的重要因素。

习惯性的拖延者通常也是制造借口与托词的专家。他们每当要付出劳动或要做出抉择时,总会找出一些借口来安慰自己。总想让自己轻松些、舒服些。

在圣西尔军校里有一个广为流传的悠久传统,就是遇见军官问话,只能有三种回答"报告长官,是","报告长官,不是","报告长官,没有任何借口"。除此之外,不能多说一个字,是就是,不是就是不是,没有任何含糊其辞,甚至考虑的时间。而这是保证迅速行动的前提!

一位社会学家曾分析过很多成绩优秀的学生,他们有一个显著的共同优点就是他们不喜欢把事情拖到明天,而喜欢立即解决掉。他们会谨记工作期限,并清晰地明白,在所有人心目中,最理想的任务完成日期是——今天。

这位社会学家认为,一个总能在"今天"完成学习任务的人,其所具有的价值和潜力不可估量。

现在可以问问自己,有没有过这样的想法:"作业明天写吧,工作明天再完成,单词明天再背吧……"

一个连今天都放弃的人,哪有能力和资格去说"还有明天"呢？人要学会的不是去设想还有明天，而是要将今天抓在手掌里，将现在作为行动的起点。

对我们来说，规划这个东西，并不需要天天想，也无需天天做。只要对自己的职业兴趣和性格特点有个基本判断，规划的方向很容易找到。难的是一旦规划的目标确定了，如何去实现。是天天用这种自我幻想式的成功麻醉自己？还是脚踏实地一步一个脚印地去努力实现？是天天守着空洞的理想沾沾自喜，还是冷静下来从点滴的琐事做起一点点积累经验？只要认清了这件事情，相信我们是完全能够脚踏实地去行动的。

拖延对抗术

要知道，那些首屈一指的成功人士都有一个共同的特点——他们办事言出必行。这种能力有的时候甚至会取代智力、才能和社交能力，来决定你的工资范围和晋升速度。行动习惯，也就是立即把思想付诸行动的习惯，这对完成事情来说是必不可少的。这里有几个方法能让我们培养立即行动的习惯。

拒绝完美主义

如果想等条件都完美了再开始行动，那很可能我们永远都不会开始。因为总是会有事情不是那么好。或是错过时机，行情不好，或是竞争太激烈。现实世界中没有完美的开始时间。必须在问题出现的时候就行动起来并把它们处理好。

机械地发动创造力

我们对创造性工作最大的误解之一就是认为只有灵感来了才能工作。如果想等灵感来，那么能工作的时间就会变得很少。

坐以待毙，倒不如机械地发动我们的创造力马达。如果你需要写点东西，那么强制自己坐下来写。落笔，灵机一动，乱写乱画。通过移动双手来刺激思绪，激发灵感。

学会立即切入主题

我们在开会前一般都会做些社交活动或聊聊天，独自工作者也是如此。在真正开始工作前你多久会检查一次邮箱或看一次手机呢？如果不避开这些让人分心的事情来开始谈正事，那它们会花掉你很多时间。一旦开始谈正事，学会立即切入主题，这样你就会变得更有创造力，而且别人也会把你当精英看。

先顾眼前

把注意力集中在目前可以做的事情上。不要烦恼上星期应该做什么，也不要烦恼明天可能会做什么，我们可以左右的时间只有现在。如果过多思考过去或将来，那么我们将一事无成，毕竟很多时候，预期中的事经常是不会发生的。

当我们有一个想法的时候，不要等别人来催促，立刻执行。只有让别人看到你认真做事的态度，才会获得尊重。成功人士不会总是让别人来催促他们做事，如果你想加入他们，那就该习惯立刻行动。

4. 别让梦想只停留在嘴上

你说你想学画画、学摄影、学游泳，还想去北欧、南美。你的梦想很多，也很美，但它们都仅仅停留在你的嘴上，有人说:"只说不做,或以说代做,最终都是虚妄。"我想说的是,你说的越多,做的就越少,停在嘴上的梦想会逐渐沦为空想。

情景再现

年底聚在一起闲聊的时候,李帆说起了几个同事搭伙自驾去西藏的事,好友们听过后都流露出了羡慕的神情,李帆借着这个机会把自驾去西藏的想法在朋友们面前提了出来。几个关系最好的朋友立马表示支持,并愿意一起去旅行。

随后他们便开始商量出发的日期,经过一番讨论,他们把最终出发的日期定在了明年的四月份。年后,朋友们都回到了工作岗位上,私下里他们建了一个微信群,用来商量自驾游的相关事宜。刚开始微信群很活跃,今天这个人发一条旅行路线,明天那个人发一个必备物品清单,但随着"明年四月"的临近他们发的内容渐渐变了。昨天这个说自己长期出差,可能到时候去不了,今天那个又说最近太忙要退出。出发的日子到来时确定要去的已经一个不剩了。

现在他们又在讨论把自驾西藏的计划安排在秋天,但这个计划在一拖再拖之下最终还是被搁浅了。

理论链接

现在,很多人的嘴里都带着说不完的梦想,今天看到别人的马甲线很漂亮,说自己也要健身,也要塑形;明天看到别人在网上发出的文章阅读量持续飙升,表示自己也要做一个自媒体达人;过了几天听说某个朋友去哪玩了一趟,心生羡慕,决心也要来一趟说走就走的旅行……这些梦想都很美好,他们逢人便说，但说来说去，这些梦想没一个能得到真正的实施。

当梦想最终没能落实的时候，行为人通常给出的解释不是没时间就是物力和财力不足。很多人都会把梦想过于理想化，这其实是一种"梦想过度粉饰"的行为，他们不根据切身实际，主观地给梦想设定了一个较高的预期值。在高预期值所产生的压力下，一些人会因为恐慌而产生逃避的行为。最终梦想会在拖延中被搁浅。

而另一部分人则在高预期值的鼓动下产生了一种完美主义心态。这些人认为，要达到预期值就必须把一切都尽可能地做到最好。他们会全方位地展开实现的准备活动，在准备中他们层层把关，处处留心，这种极度严苛地准备工作会把准备工作所需要的时间无限延长，直到他们把准备工作本身当成了梦想实现的过程，最终梦想也会在无休止的准备工作中被淡化。

行动都需要一种执行力来推动，梦想也不例外。很多梦想之所以最终只在嘴上说说，却不真正地付诸行动，就是因为执行力被消耗掉了。很多人在行动之前都会给梦想留出一个比较长的准备时间或缓冲时间，但正如《左传·曹刿论战》里说的"一鼓作气，再而衰，三而竭"。一个长的准备时间或缓冲时间会一点一点地把行动力消耗掉。

再加上梦想本身大都具备一定的挑战性，梦想的行动需要行为人有足够的执行力支持，当执行力在时间的流逝中被消耗殆尽，而当初设定的行为时间又到来时，行为人所剩余的力量已经不足以支持他去行动，最终梦想会因此而夭折。

拖延对抗术

下面的这些方法能帮你把梦想从嘴上转移到手上和脚下：

用小的行动打开整体行动的突破口

很多时候，一个完整而庞大的梦想执行计划会给人带来很大的压力，人在庞大的梦想面前会产生一些无力感，不知道该从哪个地方着手才好。为了减弱这种恐慌感和无力感，你需要用一个小的行动作为整体行动的突破口，让小的行动来消除梦想给你带来的恐慌感和无力感。

此外，行动也是有惯性的，一个行动所产生出的行动惯性会促使行为人进行一系列的连带性行动。因为小的行动存在的阻碍也比较小，所以更适合做整体行动所需惯性的源头，用小行动所产生的惯性来推动一连串行动的发生会使梦想的执行更为顺畅。

量化任务执行目标

在追逐梦想的过程中，相对模糊的任务执行计划也会给梦想的最终实现造成困扰。比如，一些打算业余自学英语的人常会制定下这样的计划：每天6：00起床，读英语。类似于这样的任务执行计划就太过笼统，读的英语量没有定下一个具体的数字，朗读的时长也没有一个具体的时间。

一个合理的任务执行计划不仅要对具体的时间点做出明确的规定，还要在时长和具体任务的数量上定下严格的标准，比如：每天6：00起床，半个小时读完一篇某某参考书的文章。

缩减准备期限

为了避免长期准备所导致的行动力消耗，缩减准备期限是最直接的拯救梦想的方法。缩减准备期限，一方面可以在时间的限制之下，削减不必要的准备工作，让整个行动更为精简，更为直接，另一方面也能很好地保持行动力。

值得注意的是，一个相对较短的准备期限还可能起到增加行动力的作用。短期的准备，其实相当于你已经处在一种较为高效的行动中了，这些准备类的任务会让你变得兴奋，而近在眼前的最终行动时间也会让你产生一种迫不及待要去行动的欲望，行动力因此而被提升了。

停在嘴上的梦想最开始也许能装饰你的形象，但如果你不能最终把它落实，当初你被梦想装饰起来的样子会变得如花了的妆容一般丑陋可笑。

5. 因为害怕失败，你避免了一切开始

在面对陌生的领域时每个人都会感到害怕，害怕的程度或轻或重，因人而异，这本是一种再正常不过的现象。但如果你因为害怕而拖着迟迟不肯开始，你将错过很多成功的机会。

情景再现

看到身边不少朋友都开了自己的小店，一直都有开店愿望的李梦琪心痒了。她现在是一名国企员工，工作稳定，薪资福利也很好，但她并不是一个喜欢这种安逸工作的女孩，她想开一家咖啡厅，按照自己喜欢的风格装修，做自己喜欢的产品。

一次李梦琪的一位朋友要转让自己的咖啡厅,她很想借机盘下来,然后辞职专心做一名咖啡厅老板,但她却担心万一小店经营失败,会对她的生活带来很多不利的影响。

她虽然很想盘下这间咖啡厅,但她对咖啡的了解并不多,她不懂怎样来选择咖啡豆,也不懂怎样研磨、冲泡才能让咖啡的口感更好。她自身也没有什么创业经历,她害怕自己难以应对各色各样的顾客。除此之外,她更担心辞职后自己没有了稳定的收入,自己的生活会变得很拮据,万一开店再失败,她不知道该如何面对以后的生活。

就这样,她在害怕失败的恐惧中迟迟做不出决定,最终错过了朋友转让店铺的机会,心里怀揣着开店愿望的她仍旧在国企里面日复一日地工作。

理论链接

很多人都会像李梦琪一样,因为害怕某件事所带来的不利后果而拖着,迟迟不肯行动,但他们又不肯明确地放弃这件事情,因而采取了"拖延"这种暧昧的行为,但拖延只能延缓他们的失败却不能让他们获得成功。

比如你喜欢一个女孩,对方对你也不反感,但你却因为害怕被拒绝而迟迟不敢去追,最终女孩有了男朋友,你却追悔莫及。发现一个好的商机,很符合你的要求,你很想做,却因为害怕失败而迟迟没有行动,最终商机被延误,看到别人借着这个商机赚得盆满钵满,你陷入了悔恨。

其实,很多时候导致失败的不是行动中的困难,而是那些一遇到困难就不敢去行动的拖延。在很多行动中，时机这一因素都占据着极其重要的位置，你因为害怕而拖着迟迟不敢行动就很可能把最佳的行动时机错过，导致最终失败的结果形成。

很多喜欢拖延而迟迟不肯行动的人所害怕的并不是失败的后果，而是担心失败会暴露出自身的短板。这些人大都对自己的界定不够客观，往往自视过高，他们也会因此而制定一些高标准的目标。高标准目标所包含的困难度与他们自身有限的真实能力之间存在的落差让他们产生了一种恐慌感，但为了维护自己优秀的形象，他们会采取"拖延"这种不开始也不放弃的模糊态度来确保不失败。

另一方面，很多行动都伴随着一些风险，事情自带的风险性会随着事情本身困难程度的升高而升高，一些较为困难的事情所具备的高风险会给人带来更多的压力，悲观的人会在这种压力之下把事情的困难程度主观地放大。困难在被放大之后又会进一步地对行为人造成压迫，这就形成了一种恶性循环。在这种恶循环的作用下，很多人就会用拖延来躲避行动所带来的压力和恐慌。

拖延对抗术

很多时候，导致你拖延的就是恐惧感本身，下面的这些方法能帮你消除恐惧，摒弃拖延：

罗列失败的后果，并写出应对的方法

事情之所以会给人带来恐慌感是因为事情自身的困难程度以及相对抽象的失败后果综合营造出了一种神秘的恐慌氛围。

人在面对这些并不明确,仅仅是一种氛围的恐慌时就会产生逃避的心理。

罗列失败的后果首先就是一种变抽象为具体的过程,当你在一点一点,一条一条地罗列失败可能产生的后果时,当初那种神秘的氛围也在随着你罗列出的条目的增多而逐渐淡化,当你把自己所能想到的所有后果都清晰地罗列出来时,当初失败的神秘感也会随之消失。

此时你会发现眼前这些失败所带来的后果可能并不怎么可怕,它们有的完全没必要担心,有的即便是发生了,也有很好的应对方法。之后再写出解决方法能帮你进一步地提升自信心,促使你不再拖延,立马去行动。

重新定义失败的后果

如果你恰巧是那个自视过高的人,也为自己定下了一些并不符合自己能力的目标,不要为自己的这些行动感到羞愧或后悔,这未尝不是一件好事。从另一个方面看,在行动中暴露出自己的短板,也是一种好事,它可以让你找到进步的突破点。

可以说在追逐高目标时,你所暴露出的短板与遭遇的失败,能时刻提醒你不要再犯这样的错误。这样的心理会让你不再苦苦维持自己美好的形象,而会选择大胆地去行动,大胆地去暴露自己的不足。在行动中你会面临挫折,也会获得进步,直到当初制定的高目标不再过高。

不管你在害怕什么,你都要明确一点:拖延不行动的成功几率为零，任何行动的成功几率都要远远高过它，如果你真的想做成一件事，行动永远都是最好的选择。

6. 试过了，才知道自己行不行

"你那么喜欢吃鱼，要不我教你做鱼吧，最简单的清蒸鱼，很容易的！"

"哎呀不行，不行，我那么笨，一定学不会的！"

"都没试一下你怎么就知道自己不行？"

是啊！都没试一下，我们怎么就知道自己不行？

情景再现

网上曾经流传过这样一个小故事，讲的是一位叫费迪南的国王决定从他的十位王子中选一位做继承人。他私下吩咐一位大臣在一条两旁临水的大道上放置了一块"巨石"，任何人想要通过这条路，都得面临这块"巨石"，要么把它推开，要么爬过去，要么绕过去。然后，国王吩咐王子们先后通过那条大路，然后把一封密信尽快送到一位大臣手里。王子们很快完成了任务。费迪南开始询问王子们："你们是怎么把信送到的？"一个说："我是爬过那块巨石的。"一个说："我是划船过去的。"也有的说："我是从水里游过去的。"只有小王子说："我是从大路上跑过去的。""难道巨石没有拦你的路？"费迪南问。"我用手使劲一推，它就滚到河里去了。""这么大的石头，你怎么想用手去推呢?""我不过试了试,"小王子说,"谁知我一推,它就动了。"原来,那块"巨石"是费迪南和大臣用很轻的材料仿造的。自然,这位善于尝试的王子继承了王位。

理论链接

小王子说他不过试了试!让人不禁感慨,当我们直面人生中可能遭遇的许多问题时,缺乏的不正是这种试一试的精神吗?尝试不一定成功,放弃就一定失败!曾几何时,随着年龄的增长,我们的阅历与日俱增,但经历了太多成功的喜悦之后,渐渐开始拒绝失败,害怕失败所带来的挫折感。于是,我们习惯于墨守成规、故步自封,不敢轻易去尝试突破。

敢于行动是勇于自我挑战的表现,一切有益的尝试就等于有所作为。在这个发展迅速的新时代,只有敢于尝试,才能创造出属于自己的一片天地。

有时候在应聘会场上,我们可以听到各种各样的声音:

"销售这工作我可做不了,我不会说话!"A连忙拒绝道。

"你们这个行业需要经常学习,我的记忆力太差。"B为难地解释着。

"做这份工作,需要人脉,我没有资源。"C也说得振振有词……

即使逃避的话有无数句,但汇总起来也就一句:我不想尝试是因为我不具备某种条件。生活中有太多人,他们为了"安慰"自己,总是给自己找很多理由,以此来让自己心安理得,得过且过。可是,这样的"懒惰"心理,让他们早早放弃了自己。他们享受了安逸，却失去了生命的精彩，以及挖掘自己潜能的乐趣。

这也是社会上80%的人在为20%的人创造财富的原因。因为成功者没有条件，会创造条件，而失败者只会为自己开脱，不寻求改变。

培根曾说过："世界上有很多做事有成的人，并不是因为他比你会做，而仅仅是因为他比你敢做。每一次机会的来临都是一个神秘'大礼包'，你只有勇敢地捅开了它，才会发现深藏其中的奥秘。"

你的每一次尝试，都会为你的成功带去一个机会。所以，对待每一件事都不要轻易说"不"，只有做了，你才会知道其中的奥秘，才会发现这件事情并不是高不可攀。而轻易放弃的人总是喜欢给自己找借口，因为他缺少尝试的勇气。

筑起一道无形的墙，也许可以保护自己，但是也隔断了通向成功的路。很多时候，试着推一推，拦路的"巨石"就可能轰然倒塌，前面便是坦途一条。

拖延对抗术

研究表明，行动力直接决定了一个人成功的可能性，凡事只有亲自尝试后才能知道是否可行。为了变成行动派，我们必须学会多做少说的原则。下面的这些方法能帮你提升行动力：

终结愚蠢的联想

我们不敢去做一件事，很多时候的原因是喜欢胡思乱想，自欺欺人。就拿看恐怖电影来举例，胆大的人看的时候虽然也一惊一乍的,但是过后就忘记了。而胆小的人看了以后则会牢牢记在心里,独处的时候就会不断联想。终结这种愚蠢又虚无的联想,相信科学,你会发现看恐怖片反倒是一种很好的放松方式。

提醒自己,没什么大不了

不敢尝试的人,一般都是那些遇事很容易失去分寸的人。有时候,遇到事情必须要学会自我安慰,要富有短暂的阿Q精神,要给自己好的心理暗示,让自己知道有些事没什么大不了的,有心理安慰了,就不害怕了。

见识决定胆量

不敢尝试,还是因为畏惧,畏惧那些不了解情况的东西,针对这种情况,最好的办法,就是勇敢地走出去,多交交朋友,多在社会上走走,见过世面后自然就胆子大了,胆子大了就什么也不害怕了。

做个"自恋"的人

自信能让胆量得到提升,假设我们足够自信,甚至到了自恋的地步,那我们肯定会是一个敢说敢做的人,会是一个团体中闪耀的存在。提高自信的方法很多,最常见就是坚持照镜子,面对镜子中的自己不断鼓舞,提升胆量。

没有人一开始就知道自己能否成功,所有人都是从第一步开始尝试,只有跨出第一步,才能知道自己所做的是不是正确的,错了马上回头,对了就继续坚持,这样我们就能慢慢养成言出必行的习惯了。

7. 快刀斩乱麻，迅速摆脱纠结

艾略特曾说："世上没有一个伟大的业绩是由事事都求稳操胜券的犹豫不决者创造的。"与其在纠结中苦苦拖延倒不如快刀斩乱麻，用行动去梳理杂乱的思绪。

情景再现

陈佩文是金融大学的毕业生，刚毕业，他就拿着父母给他的一笔钱投入了股市中，陈佩文性格稳重，虽然之前并没有亲自操作过，不过有一支股票他已经在学校就观察了很长时间，在得到父母的资助后他马上就开始了实操。

起初整个股市大盘走势都很好，他投入的这支股票也非常坚挺，他自己很清楚是他所学的金融知识让他"慧眼识股"，不过，一段时间后他买的这只股票的涨势开始呈现了缓和的趋势，经过详细分析，再加上扎实的金融知识，陈佩文明白此时最好尽快抛售，但他却陷入了犹豫之中，他害怕被套牢，但是也担心万一刚抛掉就开始涨停怎么办？犹豫了好几天之后，陈佩文还是选择了不抛出股票，比起一点点亏损，他还是更想赚大钱。

可是谁知道，两天后，他这只股票竟然开始了疯狂的跌停模式，而这时候再想卖出已经为时已晚，陈佩文后悔莫及。

理论链接

懂得快刀斩乱麻，是一个人想要成功必须具备的根本要素之一。每个人在生活中都会遇到犹豫不决的时候，有的人会在买香蕉还是买橘子时纠结再三，其实只要各拿一半不就行了吗？有的人会在先做哪件事时犹豫不决，其实只要丢个硬币，正面先做哪个反面先做哪个不就可以决定了吗？

在平时的工作中，在一些业务解决的过程中，很多事情可能不会像生活琐事一样，在决定的时候需要这么及时，但是依然存在果断决策的问题，拖泥带水、优柔寡断，只会让自己错失良机。更严重的会导致功败垂成。

工作中类似的案例比比皆是，很多工作的失误和损失，就是由于当事的员工不能及时决断，该汇报的没有汇报，该纠正的没纠正，导致出现糟糕的结果。犹豫不决的性格，是应该坚决消灭的。

那些习惯优柔寡断，犹豫不决的人，往往性格都比较懦弱。性格过于软弱，很大原因上是惧怕担责，害怕出现意外情况，没有勇气面对事实。于是在考虑一件事情的时候就会患得患失、瞻前顾后，难以作出最终的决定。

他们很容易在别人的言论中迷失方向，遇到与别人意见相左的情况，往往不敢坚持自己的意见，不敢表达自己的态度，总是过于在意别人的看法，于是不仅为自己内心的斗争所困扰，而且还经常为别人的意见所困扰。因为靠自己的力量难以做出决定，所以优柔寡断的人便习惯于聆听别人的意见，并且过分依赖别人的意见。善于聆听，本是一个优点，但是过分地依赖别人的想法，就很容易陷入被动的局面。

没有主意的人，让他马上做一个选择都非常难，何况让他雷厉风行呢？现代社会竞争激烈，缺少斩钉截铁的作风，很难闯出一番事业。历史与现实都证明，很多时候要想取得成功，必须要有强硬的手腕才行。而优柔寡断的人，恰恰缺少这一点。

一个优柔寡断、不懂得取舍的人，往往会在拖延中反复挣扎。学会快刀斩乱麻，迅速摆脱纠缠，是我们抛开拖延症，在学习和职业路途上取得成功的利器。

拖延对抗术

说到雷厉风行，最好的标准就是军人了，要养成雷厉风行的习惯，我们可以参考军人的标准：

令行禁止

部队讲究令行禁止，就是说命令一来就行动，禁令一出立刻停止。可能习惯了慢节奏去做事的人体会不到这点的好处，但假如把这点用在处理家务这样的事情上，那么拖拖拉拉的习惯就会离我们远去了。

眼里要有事情做

这句话虽然是形容在领导面前或者家人面前表现出勤奋的样子，但可能到了做自己事情的时候就没有这么勤快了，这样的思想是不可取的。好不容易养成的优点一定要保持下去，动脑子去抓住周围的工作或者想想生活中有哪些事情还没有解决，然后让自己行动起来。

学会提前做好准备

如果你做一件事的技术特别顶尖,比如职业赛车手,五星级厨师,即使是这样专业的人也是需要提前准备的,他们也害怕自己的工具因为保养不善而抛锚,做一件事前,充分的准备可以节省时间,同时提高效率,避免遇事无法决断,造成犹豫不决。

学会自律

人不怕在有人管着你的时候努力,但是很多人却习惯了非要最后关头才开始行动,所以一定记得要时刻提醒自己,拖延症就是养成这样性格的天敌。

养成雷厉风行的个性,能帮助我们解决拖延症带来的困扰,让生活和工作都保持高效运转,这样我们离成功也就能越来越近了。

第三章

受不住诱惑而拖延？远离它！

1. 不要将手机带上床

仔细回忆一下你会发现，你熬夜习惯的形成时间与你开始使用智能手机的时间几乎是一致的。可以说，是智能手机让你有了熬夜的习惯。因此，戒掉熬夜很容易，坚持一段时间睡前不玩手机，熬夜自然而然就戒了。

情景再现

黄光陆是"低头族"中的一员，而且属于高级别的"低头族"，从刚上大学到刚参加工作的这段时间，他几乎每天都是过着昼夜不分的堕落日子，每晚简直就是"电不用玩死不休"。

大学时候，黄光陆过着这样的日子还没有感觉，但是当他参加工作后，问题就出来了，由于晚上和手机的"亲密"时间太长，每天都要拖到凌晨两三点，直到精神倦怠到极点了他才会去睡觉。这样算下来，一天睡眠时间还不足5个小时！赖床迟到那是常有的事，更没少挨领导的训，一个大小伙当着那么多人面被训话，他自己也觉得够丢人的。可是他试了很多次，也没戒掉晚上玩手机的习惯。

由于长期关灯玩手机，黄光陆近视的度数也从大学时的

300提升到了500,而且由于玩手机游戏的原因,他变得更加不爱说话,也不关心身边人的状况了。

理论链接

睡前玩手机的恶习绝对是健康生活与工作的大敌!玩手机上瘾,已成为很多人的一种通病。在公司随处可见,很多同事喜爱玩手机,常常手机不离手,吃饭、睡觉前甚至上班时间都有玩手机的现象,甚至在大马路上,都可以看见有人一边骑车一边"亡命"玩着手机,已经达到了"忘我"的程度。

我们是不是经常晚上睡觉时,感觉不拿出手机翻翻看就会觉得少了点什么?然后这一翻,不知不觉睡觉时间就又往后推迟了一两个小时?想要戒掉对手机的依赖,首先确定自己是不是属于"重度低头族症":

第一、想想自己是否一天低头看手机的时间超过3个小时。

第二、一旦玩手机,就和手机难以分割,即使被偷了东西也无法发现。

第三、随身携带充电宝,严防手机没电的情况。

玩手机这个词,其实本身并不包含任何贬义,关键是取决于在哪里玩,在什么时间玩,玩多长的时间。在错误的地点或者错误的时间玩就会造成不良的影响。

首先,长时间晚上玩手机会严重影响我们的工作学习,使人疲惫,拿着手机我们就喜欢翻看朋友圈状态,玩喜欢的游戏,看爱看的小说,这些都会使我们的精神时刻处于兴奋活跃的状态,大脑得不到休息,迟迟进入不了睡眠状态,睡眠不足时再投入到工作学习中，注意力肯定得不到集中，精力不充沛就难以完成工作。

其次，深夜睡在床上看手机，会对双眼视力造成严重影响。而且以侧躺的姿势玩手机对眼睛的压迫很大，长此以往，就会造成左右眼睛的视力偏差，枕头对眼睛的压迫造成供血不足，时间一长眼睛就会有膨胀感，还会有短时性影像重叠，这不是滴眼药水就能好的。有些人配眼镜左右度数不一样就因为如此。还有，若在漆黑的房间里长时间盯着手机，手机发出的光线会让眼部肌肉疲劳，影响聚焦能力，导致视力模糊。

夜晚玩手机的危害性并不是耸人听闻，因为这些症状在我们身边确实是随处可见，因为熬夜玩手机游戏，上课时哈欠不断的同学；因为熬夜看手机，每天都带着眼药水上班的同事……这都是熬夜玩手机所导致的并发症，事情已经发生了再去弥补，并不能让我们的生活变得更好，最好的办法莫过于从源头上杜绝。

拖延对抗术

杜绝玩手机上瘾的症状，其实并没有想象中那么难，关键是方法要选择好。

放下手机，享受完美的周末

在周末的时光里，我们可以选择和家人或者朋友出游，约好不要带手机出门，带一块手表就可以，多和家人、朋友聊聊身边的事情，很快我们就会发现，即使不带手机出门对我们的生活也不会有多大影响，反而还会使我们和家人、朋友之间的感情更加稳固。

学会上厕所不带手机

进厕所之前，把手机放在一边，带上一本决定要阅读的书，静下心来不要再去想手机的事。据统计，如果不带手机进厕所蹲马桶，平均时间是2分钟；如果带手机进厕所，时间是15分钟以上，其中13分钟都是因玩手机而浪费掉的时间。

买一块手表，不再欺骗自己

我们需要买一块手表，不要再以"我摸手机只是为了看时间"这种理由来欺骗自己，这只是潜意识里想要玩手机的一个暗示，绝大部分时候我们都不是真的为了看时间，只是因为无聊而想玩手机，一块手表可以有效帮助我们拒绝时刻想摸手机的行为，不给自己找理由。

卸载、换手机，对自己要狠！

如果我们真的非常痛恨自己玩手机上瘾的行为，而以上方式都不能有效帮我们解决问题，那么就只有对自己狠一点！果断地把手机上的QQ以及微信、微博、新闻类APP等全部卸载，这些APP是导致大家玩手机上瘾的根源所在。如果这样都不能解决问题，那只有最后一个办法了，就是换一部非智能的老年机，除了打电话发短信之外，其他所有功能都不能使用。

但要做到最后一步，相信大家可能是因为承受了某种由于玩手机而导致的巨大打击。一般情况下，并不需要做到最后一步就可以杜绝玩手机上瘾的症状了。

2. 早上越犹豫越起不来

拖延预防针

相信很多人都有这样的经历：早上闹钟响了之后，半睡半醒之际你在犹豫是关掉闹钟再睡个十来分钟，还是立马起床上班。在犹豫中你不知不觉又睡着了，等你醒来的时候准时上班已经不可能了……

情景再现

叮铃铃，闹钟响了。卞欢打了个哈欠，翻了个身，心想：再睡一分钟吧，就一分钟，不会迟到的。过了一分钟，卞欢起来了。他很快地洗过脸，吃了早点，带着公文包就上班去了。走到十字路口，卞欢看见前面是绿灯，刚想走过去，红灯亮了。卞欢叹了口气，心想：要是早一分钟就好了。

他等了好一会儿，才走过十字路口。他向停在车站的公共汽车跑去，眼看就要跑到车站了，车子开走了，他又叹了口气，心里想：要是早一分钟就好了。

卞欢等啊等，一直不见公车的影子，他只好决定跑到公司去。

跑到了公司，大家都已经开始上班了。卞欢红着脸，低着头，悄悄走到了自己的位置。人事部经理马原看了看手表，说："卞欢，今天你迟到了20分钟，按照公司纪律条例，要罚款50

元,你有什么要解释的吗?"

卞欢非常后悔,但他也无可辩驳,只好认了。

理论链接

"赖床一分钟,白做半天工。"这当然是一个幽默的说法,但是每天上班,我们无疑都会面对这样一个问题:是再睡一会儿,还是立刻起床?而且花在这个问题上的犹豫时间,会随着冬季的到来,逐渐变得更加漫长。

通过分析来看,赖床的人往往分为两种:

第一种人,是属于晚上不愿意睡觉的人。有的人忙碌了一天,到了晚上本来是很困的,可就是睡不着,看电视、玩手机、打游戏。趁着晚上的时间是自己的,肆无忌惮地透支自己的身体。这种睡不着,慢慢会成为一种病态,对身心无益,反而容易让人衰老。

第二种人呢,是属于早上赖床的人。新的一天已经开始,可自己却又不想起来,一天的工作在等着自己,这时往往会产生抗拒感,这种心理,是导致犹豫不决,不想起床的最重要的原因。

一日之计在于晨,早晨的记忆力和精力无疑是一天之中最好的,习惯早起的人,总是能有一些额外的收获。而赖床,则会带来众多不良影响,有些危害甚至是我们意识不到的。

在生活中,赖床会打乱一整天的作息时间。一般晚起的人吃的是早午饭,这样就导致晚餐顺序也被打乱了。良好的生活习惯里有一条就是吃饭要定时定量。更重要的是,睡眠时间也被打乱了,容易导致晚上太兴奋,不能及时入睡,造成晚睡晚起的恶性循环。

在交际中，赖床会给别人留下一个坏印象。人是社会性的动物，总会和各式各样的人发生联系。一大早如果别人无法联系到我们，或者得知我们在赖床，无形中就使得自身形象在别人眼中变得不再可靠。

在工作中，赖床的习惯很有可能会导致事业上的挫折，吃不上早饭、赶不上公交、耽误上班的时间、迟到罚款、给领导留下不好的印象等等，甚至由于赖床带来的副作用，导致一整天的工作都心不在焉，错误频出。这样为了几分钟不必要的温暖而赖床，得不偿失。

早上起床的时候，千万不要犹豫，与其思考要不要起床这个无聊的问题，倒还不如一把掀开被子，洗漱完了赶紧去吃一顿丰盛的早餐来的实在，毕竟，空气再冷，冷不死人；床再温暖，也暖不了一生。

拖延对抗术

牛顿力学定力中说，一样物体如果要改变原来的运动路径，最好的办法莫过于运用一样外力来帮助它。对于犹豫导致的赖床毛病，这个定力同样适用，下面给大家推荐几个操作性很强的方法，帮助大家克服赖床的毛病。

定购一个高亮的遥控灯

人体的生物钟会受光线的巨大影响。冬季的早晨，如果要喜欢赖床的我们自己下床，麻溜的去开灯，这显然是不太实际的。所以购买一个遥控灯就显得尤为重要，只需轻轻一按，充足的光线就能唤醒我们的身体，让身体自己觉得是时候起床了。

疯狂闹钟法

这当然不是指我们平时给自己用手机定一两个闹钟叫自己起床的办法，一个手机就算定5个闹钟，也可以随时把它们取消掉，所以并不实用。我们只需要提前准备买5个便宜的小闹钟，在晚上睡觉前定好时间，每个都相隔1分钟，并且一定要把它们分别放在不同的5个位置，每一个都不能放在随手可以触及到的地方。第二天早上，如果不起床，我们一定会为这些疯狂的闹钟而抓狂的。

有规律的食疗法

有些人早上起不了床，并不是因为意志原因，而是身体原因，例如长期不按时吃饭，导致身体虚弱的人，因为如果早、中餐总是不按时吃的话，极容易导致身体的血糖过低是新陈代谢失去平衡，引起大脑倦怠无力，早上就会起不了床，这并不是意志可以克服的问题，所以需要用准时而健康的营养食疗来解决问题，营养跟上了，作息也就自然会规律起来。

好的方法有千万种，但行动在于个人，只要有决心和行动力去改变，晚起赖床的毛病是完全可以摆脱的。

3. 在信息爆炸时代，如何避免持续性信息过剩

如果仔细统计一下你会发现，每天在网络上的时间是越来越多。并且，很多拖延都是由网络导致的。比如，你说刷半个小时

微博再工作，但"半个小时"在不知不觉中变为"一个半小时"。

情景再现

陈策远今年20岁，是一家面馆的厨师。前天上午因为是周末，顾客不多，陈策元便来到厨房炼油。想着油锅烧开还要一段时间，陈策元便到前台拿出手机翻起了各种乱七八糟的信息。这一看陈策元就沉迷在网络信息的海洋中了，由于过分沉迷于各种手机消息，他把去炼油的事一拖再拖，直到那边厨房里，直径近一米的大油锅开始沸腾，滚烫的油四处飞溅。

"小陈，厨房怎么回事？"店员罗姐不经意地朝厨房看了一眼，发现厨房冒出火光。

经罗姐这么一提醒，陈策远这才醒悟过来。"糟糕！怎么都烧了40分钟了！"陈策元连忙跑进厨房。此时，油锅已沸腾起火。厨房烧了起来，直到最后叫来消防队才把火给扑灭了。

理论链接

由于陈策元沉迷在无尽的信息中，最后导致了悲剧的发生。在信息爆炸的今天，我们每天能够阅读完的信息，可能还达不到每天产生信息量的百分之一乃至千分之一。

而所谓持续性信息过剩，就是说：当我们把大量精力都浪费在没有休止的信息获取上，让自己持续性被信息轰炸，造成输入信息的过剩。而那些每天花费大量时间看手机的人，最容易进入"持续性信息过剩"状态。

经常在手机网络上遨游的人，绝大多数都并不是在进行搜查资料、认真学习等。而是在毫无目的地游荡在购物网站、社交 APP、新闻类社区里，看着一个又一个自认为有用的帖子关心着和自己毫无关系的人，放任大量信息冲进自己的脑子，而后对这些信息不加思考，再去获取新的信息。

日复一日，这些玩手机的"低头族"就进入了持续性信息过剩状态。其实，每一条信息对大脑来说都是一个刺激源，如果我们一口气放进了太多的信息，大脑被刺激过度，就很难再清晰地思考。因为没有从信息中得到什么结论，我们就会焦虑起来，搜索更多的信息来抵挡焦虑。所以，获取信息太多，又没有真正发挥信息的作用。

持续性信息过剩，是导致拖延症的一种原因，那些过多的信息只不过是在进一步浪费我们的精力而已，另外，持续性信息过剩，也对我们的生活工作也带来了不小的危害。

现代信息的更新过于快速，我们不得不一面利用学到的知识去工作，一面拼命学习新的知识。很多时候我们会因此而顾虑重重，感到负担过重或担心跟不上形势的发展，因而出现惶恐不安、失眠健忘、食欲不振、心悸气短，甚至会消极地躲避工作和学习。

另外，由于新知识过多，会给我们的大脑带来过重的负担。部分技术工作者的大脑中，可能同时贮存着大量同类信息，而且各有不尽相同之处，又新旧兼而有之。如果对于各种信息接触过多，又不善于分析和处理，我们会变得思绪混乱，从而出现言语吞吞吐吐、行动犹豫不决、判断力下降。同时，还会有心慌、易怒、冷漠、多疑等症状。

"信息过甚综合症"是我们不得不面对的一个重要问题，这个问题几乎随时出现在我们的生活当中，影响我们的工作和学习效率，于是解决它就成为了提高工作效率，避免拖延症的重要难关。

拖延对抗术

避免"信息过剩综合症"其实方法很简单，只要能够做到以下几点，相信就可以完美避开：

卸载那些没用的手机APP

仔细检查你的手机，上面一定有很多我们不常用但是又忘记卸载的APP，仔细思考它的用途，如果没有必要，而且不经常使用它们，就立刻卸载掉，因为这些无用的APP，经常会推送给我们一些八卦新闻，来引起我们的关注，不想经受诱惑，最好的方法，就是铲除它们。

放下手机参加体育运动

参加体育运动带来的隔绝信息效果远比读书聚餐等活动要强得多，体育运动不仅能带来身体上的健康，还能减少我们使用手机的频率，我们可以在读书吃饭的时候玩手机，但是绝对没有办法在跑步、游泳、打篮球的时候玩手机。更重要的是，这些体育运动会让我们集中精神面对挑战，根本无心顾及自己的手机。

参加驴友团

整天在家接受无聊信息的轰炸，还不如加入一个驴友团，比起用从别人的朋友圈来看世界，远不如亲身体验来得有意义，参加驴友团后，会明显减少我们刷朋友圈、翻消息的次数，当体验到了更精彩的世界，会让我们习惯把手机当成一样工具，而不是一个精神世界，因为驴友团最需要的手机工具是方位导航以及对话功能，而不是社交工具。

持续性信息过剩，很多时候是我们自己的选择所导致的，解铃还须系铃人，避免这种情况提高时间利用率，拒绝持续性信息过剩带来的拖延症，主要还是靠我们自己的意志力来把关的。

4. 拒绝"磨洋工"，不走心的努力没有意义

前段时间"你只是看上去很努力"这句话爆红网络，它像一根尖刺，一下子扎到了我们的心里。我们总是看起来很努力，但假装的努力实质上也是一种拖延。

情景再现

袁天宇是一名大型设计公司的员工，工作三年了也没有升职过，一次部门主管选拔，袁天宇又没有被选上，而比他工龄少两年的小郭却成功上任了。他对此非常不满，一怒之下找到经理询问原因："这三年，我任劳任怨，几乎每天下班后都会加班几个小时，为什么每年主管位置还是轮不到我？"

经理微微一笑，招呼袁天宇到身边来，待袁天宇坐好，他打开电脑，先调出了一份工作业绩评估表让他看，袁天宇惊讶

地发现，这一年以来，小张的工作完成量居然比自己多了一倍有多！这到底是怎么回事？他百思不得其解，经理对他说："你一定不知道是为什么吧？来看看这个马上就明白了。"

说完，经理打开了一份9月防盗视频录像资料，录像显示，虽然每天晚上袁天宇都在加班，但是他一会儿玩手机，一会儿趴着睡觉，一会儿又跑去外面溜达。一晚上几个小时加班实际上大部分时间都是在用来做别的事情。而小张虽然很少加班，但是白天他除了工作外，几乎不干别的任何事情，准时下班就走了。袁天宇看完后满脸通红，最后只好满脸愧色地跟经理道歉后回到了自己的位置上认真工作。

理论链接

像袁天宇这样无效加班的案例在生活中数不胜数，你是否有凌晨两三点坐在办公室里一边打游戏，一边发朋友圈表示自己在加班的经历？你是否有过翻了一整天微博，最后干脆留下来一边加班一边继续刷的经历？无效加班就是所谓的"磨洋工"，这样的加班无论做什么事情都是低效率的，是应该被大家所唾弃的。

那些真正聪明的人不会拿人生中宝贵的时间专门用来工作、加班，而是会选择终止长期拖延的模式，把工作效率提高，避免无效加班，尊重公司工作的同时也尊重自己宝贵的私人时间。

喜欢乔装勤奋的那批人，普遍都有一个共性：常常加班到很晚，但是其中用来打游戏、看小视频、刷微博的"无效时间"特别多……。他们还会时不时发个朋友圈，炫耀自己加班的辛苦，不过凌晨两点多还在打游戏确实很辛苦，他们无非是想给领导演个苦肉计，向全世界宣告自己的勤奋如何感人至深。

但大多数的领导和其他同事也不是傻子，他们完成了多少工作量大家都是有目共睹的，花更长的时间做一样多的工作也只能说明他们能力普通。与其"磨洋工"降低工作效率，还不如停止那些无效努力，回家好好陪陪家人，或者回去多做一点自己喜欢的事情。每天多睡一小时，可能我们的工作会完成的更快更好。

那些不走心的努力成果、每晚无休止的无效加班，不仅仅是在破坏公司的形象，也是在浪费自己的青春，任何一件上级交代的任务，不认真去做都不可能得到满意的效果，而且长期进行耗时而无效的加班，会使自己的休息时间严重不足，如今在大城市中，因为睡眠时间不足而过劳猝死的事件已经不再是耸人听闻的传言，这样的事件，几乎每年都会发生。

"磨洋工"并没有意义，无效加班更是浪费生命。杜绝这些无意义的事情，让生活变得有趣，让工作变得高效，这样才能有更多时间去获得进步，获得成功的机会。

拖延对抗术

让我们找出使我们工作不专心不认真的根源所在，对症下药，很快就可以让工作时间变得有效，甚至变得高效。

早睡早起，调整生物钟

如果你属于长期无效加班的类型，并且想要改变这种现状，首先要考虑的就是改变自己体内的生物钟。一到白天就犯困，然后到了晚上就精神百倍，这样的生物钟规律，明显在白天上班的时段内会是处于工作低效期，犯困，精力不集中，想不加班都困难。所以要做的第一步就是彻底改变生物钟，养成早睡早起的好习惯，把精力集中的时段调整到白天，让白天的工作效率高起来，避免夜晚不睡，白天不醒的恶性循环圈。

学会应用新工具提高效率

工作内容长期是一成不变的，但是工具软件却每天都在随着时代进步而更新，有时候一些工具的出现，完全可以分提高我们的工作效率。例如，曾经运用PS做修图工作，无论是复杂的还是简单的都需要用到PS，但是现在我们完全可以将简单的和复杂的工作区分开，复杂的用PS完成，简单的用美图秀秀就能做完，而且效率要比全部用PS来处理高出好几倍。

除了这些方法，很重要的一点是，我们工作时一定要将手机放在一边，不要养成边工作边玩手机的习惯，只要这些事情可以做到，提高工作效率，摆脱无效加班，拒绝拖延症的困扰一定也是指日可待的事情了。

5. 因为沉迷于网络游戏，要做的事一拖再拖

喜欢打游戏的我们总说："先打个十来分钟的游戏再去做其他事情，不影响的。"但事实却是游戏一打起来就很难停下来，当初预订要做的事情都会因为无休止地打游戏而延误。

情景再现

肖茜本来是个上进又阳光的女孩，但就是爱玩网络游戏。23岁那年她和对象一见倾心坠入爱河，第二年他们就结婚了，在结婚前，由于和对象的父母住在一起，所以，那段时间肖茜可能处于在对象父母面前要好好表现的初衷，确实没怎么玩游戏。但是，这个情况在结婚后，有了自己的房子后，彻底变了，甚至肖茜怀孕四个月的时候，她就通宵玩某网游。

为此，丈夫和肖茜吵过很多次，她每次都答应会戒掉游戏，但总是做不到。目前，他们的孩子将近一岁，肖茜早已过了预产期，她却迟迟不肯回单位工作，她的理由是：孩子需要照顾。实际上只是她舍不得戒掉游戏。因为肖茜一直延假，结果她单位领导已经对她下了最后通牒：如果肖茜再不回去上班，将对她做免职处理。

理论链接

下班后工作劳累，玩一玩手机放松放松，这本来是一件无可厚非的事情，但是如果沉迷于网络游戏之中不能自拔，将正事一拖再拖，就是一种非常堕落的行为了，这势必会给日常生活、工作、以及家庭感情等造成负面影响。

你是否有过睡前先来一把游戏，转眼到凌晨的体验？你是否有过起床来一把游戏，一把就迟到的体验？你是否有过上班时偷偷来一把游戏，一把到下班的体验？你又是否有过加班来一把，一把过后直接睡公司的体验？这些因为玩游戏而拖延正事的行为，就是真正意义上的网游上瘾。

嘿！该醒醒了，过着这么堕落的生活，你还找得到最初的梦想吗？梦想肯定是忘到九霄云外了，但是网游还在，那就继续玩吧。实际上网游上瘾症算是一种精神顽疾，具体表现为将注意力和精力过多地放在游戏中，导致对其他事情都产生排斥和逃避心理，一方面是精神上的排斥，另一方面是精力上的无力应对。

网游上瘾会让人沉迷于虚幻的世界中，而逐渐忘记现实生活中的理想与目标，逃避现实的心理也会逐渐加强，因为在虚幻世界中只需要动动键盘、动动手指就可以达到自己想要的目标，当这种简单的目标达成后会让人产生一种虚无的满足感。但这种极易获得的虚无满足感与现实中事情的困难接触的时候，就会使人对现实中的事情产生排斥感。

这部分人渴望社交，但是又找不到门路，而网络游戏的主动参与性与易寻性恰好满足了这部分的人需求，能够让他们迅速参与其中，并且和其他玩家展开社交，网络游戏上确实有这么一群人，兴趣并不在于游戏本身，他们只是纯粹的喜欢在游戏中与人说话而已。

虽说这群人虽然并不是什么坏人，但是其行为却代表着堕落，往往都是没有人生目标、正处在彷徨迷茫中的人。而网络游戏完全可以给他们一个虚无的目标让他们去完成，而且只需要很简单的一些步骤就能够让他们实现这个虚无的目标，从而感到成就感，所以与其说他们被游戏绑架了，不如说，他们是被自己虚无的成就感绑架了。

也有一部分虚荣者主要是为了在游戏中得到一种优越感，让他自己的角色变得比别人的更强就是他们所追求的目标，只有在别人面前显得更有优势才能他们觉得足够充实。而完美主义者则是被困在自身的欲望之中，只要你愿意，甚至可以一直玩下去。而且网络游戏的复杂性远远超出一些简单的单机游戏，我们可能会玩愤怒的小鸟这类单机游戏消磨时间，但是不会轻易沉迷在里面，而网游则正好相反，它的复杂性，能够在一定程度上满足完美主义者的心理，很容易让人深陷其中。

拖延对抗术

戒掉游戏瘾其实不是一件难事，但是一定要下定决心，反反复复则会导致永远不能解决问题。除了毅力和决心外，计划性是戒除游戏瘾非常重要的一环。

切断连续的游戏，利用精神惰性

一般游戏瘾重的人，要想在短时间内戒除游戏瘾几乎不太可能，更多情况下只是暂时戒除了游戏，过一阵又是老样子，这样是不行的。最有效的办法是切断连续的游戏习惯，比如将游戏时间从原来的 5 小时，切割成不连接的有间隔的 10 个小时，我们允许自己继续玩，但是玩 1 个小时后，必须强制关掉电脑或者退出手机游戏，休息 1 个小时不玩。人的精神是有惰性的，在不能长时间全心全意集中精神去做一件事情的时候，精神惰性很快就会放弃想做的事情。例如，一个小时以前我们感觉很想出去买东西吃，但是在床上躺了一小时后，就懒得下楼了。戒除游戏瘾也需要充分利用这样的精神惰性。

充分利用被切断的时间

切断时间法中，被分割开的1小时不玩游戏的时间是一个非常重要的时间，如果这段时间我们用来纯粹的等待下次游戏时间，那么切断法的作用将大打折扣。正确的方法是要把这一小时用来做除了游戏外，需要精神高度集中并不能随时脱身的事情，例如在休息日里，利用一小时的时间下去找人打一场篮球赛，这样会把游戏的事情忘在脑后；加入社团后我们也无法随时脱身了，这也算是一种强制力。

切断时间法虽然是属于很见效的办法，但是执行起来还是需要靠我们自己的意志，如果能够做到，只需要一个星期，游戏瘾就会明显降低了，一个月的时间基本上可以完全戒除，工作学习时再也不会被游戏瘾困扰。

6. 碎片化时代，如何保持专注力

在这个时间不短被碎片化的时代，注意力也随之趋于碎片化。在很多事情上我们越来越难以保持专注。此时，我们不禁想问："碎片化时代，如何保持专注力？"

情景再现

谢长乐是一家文学类出版社的网络部编辑，他每天都要编辑大量的网络文章进行发布，但是他自己说，最让他头疼的并不是写文章这件事，而是在于查找资料这个问题上。

他写一篇文章的时间通常不超过半小时,而查找资料的时间却需要花费整整一个半小时,用任意的搜索引擎搜索一个关键词,都会出来成百上千的资料文件,有的可取有的不可取,这种大批量的甄别工作让他感觉到吃力。过多的信息来源,已经严重影响了谢长乐对资料可取性的判断能力。

理论链接

在信息碎片化时代,人们通过网络传媒了解阅读,与以往相比,数量更加巨大而内容趋向分散,完整信息被各式各样的分类分解为信息片段。

这就类似于同一个故事,经过 10 个人口口相传后就变成了 10 个不同版本的故事,每个都有与原版故事有相同的地方,但是一些地方又有显著差异。该相信哪一个?这时候就会让听故事的人产生选择上的困难,难以判断到底哪个是正确的,导致我们只能选择拖延下去,这是对于信息碎片化时代的一个简单理解。

现在我们每天通过朋友圈、微博、百度、手机新闻、即时通信等多种方式都能获取信息。我们在各个生活的间隙也能获取信息,在吃饭时看一眼电视,在坐公交车时浏览手机上的新闻。信息量如此之多,我们获取信息也感到如此容易,乃至我们养成了一个坏习惯:文档超过 10 页,基本没有耐心看完。

现在我们可以每天粗糙地浏览非常多的消息。可是,也只是增加了一点点谈资,回想起来,似乎并没有记住多少东西,也没有多少值得记住的东西。我们在朋友圈、微信、微博、QQ

等社交工具上讨论问题，发表看法，却很少将视野放在自己的身边该做的事情上。这种头重脚轻的状态，随时可能会在事业或者学业上栽跟头。

那些注意力不集中容易被潮流般的信息遮住双眼的人通常做任何事情都是三分钟的热度，然后虎头蛇尾。有时做事只凭着自己的喜好兴趣，而不是理性地判断这件事情做完后对自己究竟有什么作用，所以这类人的精力特别容易被众多的信息来源所分散，往往无法让自己沉下心来做某一件事。

有些胆小的人过分谨慎，任何信息来源都可能导致他对自己做的事情的怀疑，从而分散了自己对整体的注意力，本来没有问题的事情，他一旦开始怀疑就很容易出问题，而过多的信息来源正是他们惶惶不可终日的原因。

这类人总是很容易受到别人言论的影响，因为太过于在意别人的看法而导致分心。但是别人的言论往往与他的实际工作并无直接关联。

无论我们是否已准备好迎接信息碎片化时代，这都已经成为一个发展大趋势。这个新时代确实会给我们带来诸多困恼，但同时也会带来更多的方面的益处，所以处理好损益的平衡，才能为自己的事业铺平道路。

拖延对抗术

信息来源过广过于分散是造成精力跟不上的主要原因，我们可以采取以下实用方法，解决这个问题，并达到集中精力的目的：

工作时把手机关机

手机信息的干扰足以让我们在工作中心神不宁,虽然运行自动收信软件能保证我们在第一时间阅读来信,开着即时通讯软件有一句没一句地回复朋友的招呼能消减工作时的寂寞,但是它们都是随时能打断工作,造成精力分散的干扰源,我们需要坚决杜绝它们。

学会一气呵成

有很多人的工作习惯是不正确的,这部分人习惯把一项工作一步一步的蚕食,这是一个错误的做法,这样零散的工作模式很容易导致受到外部影响。正确的做法应该是:在做这件工作之前,我们提前拟定好工作大纲,整理出整个工作任务的框架,理清楚了整体的逻辑思路,再下手去做,这样一气呵成,中途不会停顿,也就自然不会轻易被外部信息所影响。

静坐15分钟

在开始工作之前,我们需要在座位上静坐10到15分钟左右,平复自己躁动不安的心,在这期间身体一定会有一股想要动起来的冲动,这时候我们需要说服自己:只有保持耐心才能专心致志地投入工作,思想顺畅,提高效率,只有这样最后才能够不加班。

另外,如果需要保持高度集中的精神,还可以尝试把工作以90~120分钟为界,分割成段。每过一段时间就给自己10分钟的休息时间,这样劳逸结合会让精力更加容易保持集中。成功运用这些方法,会让我们在面对信息碎片化时变得更加从容淡定。

7. 一次只做一件事

罗曼·罗兰说："与其花许多时间和精力去凿许多井，不如花同样的时间和精力去凿深一口井。"同时处理多项任务很容易导致最终每一项任务都没完成，专注于一件事情反倒更容易成功。

情景再现

肖光恒和刘亚奇两人在4S店工作，两人是无话不谈的好朋友。肖光恒的阅历比较多，技术经验也很丰富，人更是聪明，修车时他总是看人来决定认真程度，而刘亚奇入刚行才一年，人也比较憨厚，对每个客户都很认真。

一位穿黑衣的客户前来修车，肖光恒看车也不是特别好的车，他手头也还有几个同时干的活也没干完，就把事情推给了刘亚奇来做，并对他说："这车你随便给弄弄就行了，不用太认真。"刘亚奇接起了这活，认真的询问了车的问题所在，给车做了一个全身检查，不仅非常细致地帮黑衣人修理好了车，还帮他免费清理了车身，修理完毕后，整个汽车看起来焕然一新了，黑衣人看在眼里什么都没说。

不久之后，刘亚奇接到一个大型集团公司打来的电话，原来黑衣人就是这个集团的董事长陈总，他对刘亚奇的敬业程度相当赞赏，邀请刘亚奇来当他的专职司机，而薪水则是4S店的整整3倍！

理论链接

花时间同时做许多事请,远远不如专心做一件事情来得有效,在我们身边一定不乏这样的例子:有的同学兴趣广泛,毕业后数年频繁跳槽,最后也没有安定下来;而有些看起来很憨厚的同学,却长期术业有专攻,几年都扎在一行里,现在则是行业内的佼佼者。

不管是什么职业,那些取得卓越成就的人都有一个共性,那就是——集中精力,一次只干一件事。在自己的本职工作上勤勤恳恳。聪明的人懂得专注于一件事,最后把事情做对。

戴尔·卡耐基曾经写过一篇文章阐述了不专心的危害,他说:世间每年为不专注所造成的生命的丧亡、人体的伤害、财产的损失,数不胜数。

现实生活中也确实如此。工作时,一些由于不专心导致的微小疏忽危害却十分巨大。例如,建筑时一些微小的缺陷,可以使得整座建筑物倒塌,可以使得桥梁折断,连带着桥上的车辆、乘客、货物,坠入江中。

任何时候都要专心对待自己所做的每一件事情。假如施工员对铁轨、轮盘上或机床上一些微小的毛病不专心制造并维护的话,会断送很多人的宝贵生命。在我们生活中,到处可以看见因工作不专心、不谨慎所造成的悲剧新闻。长沙一个企业家说,长沙全市蒙受工作不认真的损失,每年至少有600万元。然而犯这种过失的人往往会说,这些都是小事,不值一提。但是,积小成大,积少成多,遗留下来,最终会后患无穷。

做事的时候不够专注，容易分心的现象很可能是熬夜造成的。事实表明，习惯性熬夜的人群普遍精力不够集中，很容易出现无法专心去做一件事情的情况。因为熬夜会导致白天精力长期不足，疲于应对日常工作任务，连应付日常工作都已经足够困难，就更加谈不上有充足的精力集中精神来做好一件事情。

精力不集中的人，很容易被与自己无关的事情所吸引注意力。工作时，同事起来倒杯水就能打乱他们的思路，或者有人去上个厕所，他们也得观察半天，如果公司窗外有什么响动，那更是能让他们心神不宁，感觉天要塌下来一样，不去窗口确定一下就无法继续工作下去。

也有一些人之所以不专注只是因为他对自己的任务不感兴趣。这群人可能是属于入错了行，一开始就没有选对自己的工作，每天如果面对着枯燥无味的工作，却又没有挑战的兴趣，那必然就只有选择消磨时间，玩玩手机，聊聊天，一拖再拖，等到心情稍微好一点了再勉强去做，这样的情况，也是完全不可能专心去做某一样工作的。

拖延对抗术

不管是什么样的事情，每做一件，必须要专心致志、认认真真，这是负责的具体表现，也是高效能员工工作的一种标志。让我们专心工作，避免分心，可以采用一些使用的小技巧：

在身边准备好足够的水

喝水不仅健康，也让我们会感到神清气爽。而且身边有足够的水，可以避免我们因为跑去打水而分散精力，一旦觉得累了或饿了，一杯水就可以很好的把它们赶跑。接着就可以完成手头的工作，晚些时候休息。并非所有的肚子咕咕叫都代表饥饿，通常喝一杯水就可以解决。

条件允许，就带上耳机

我们工作的地方普遍都有各种各样的噪音让人分散注意力，比如吸尘器、噼里啪啦的键盘声、同事说话、电话铃声、东西掉在地上的声音。如果条件允许，就戴上耳机保护自己，这样你就可以专心工作。耳机可以避免你听到一些让人惊讶的声音——还有那些让你思绪飘开去的声音。

这两个小方法简单易行，具有很强的实用性，能够帮助我们更好的解决分心造成的困扰，让我们专心致志地做好自己的工作，提升自己的工作能力。

8. 请放弃你的无效社交

你的圈子越来越大，你圈子里的人也越来越多，你在这些人身上耗费的时间和精力也越来越越多，甚至有些让你不堪重负，但你总是很开心。你说："这都是人脉啊！"但你真的需要帮助的时候却发现你所谓的人脉不过是一些无效的社交。

情景再现

王丽丽和罗佳文是要好的大学同学，是同在英语系，又同一个班的好闺蜜，王丽丽在大学中非常热衷于各种社交，各种社团活动她都参与其中，大小微信群都加了十几个，每一个里面她都是活跃分子。罗佳文则相对内向，她平时执着于专业考级和提升个人技能，王丽丽劝她和自己一起活跃起来，但是罗佳文觉得自己并不适应那样的方式。

大学毕业后，罗佳文凭借过硬的专业实力，考取了专业英语8级，口语水平也达到了能与外国人交流的水准，于是她成功成为了红十字会中国的一名高级口译。而王丽丽，由于大学时沉迷于各种娱乐活动，没有考取证书，也没有过硬的专业实力，最后长期苦恼于求职状态之中，而她的大学时社团的那群朋友也并没有给她的就业带来任何帮助。

理论链接

有些表面看似风光的社交活动，实质上也只是虚幻的泡沫，遇到任何事情就会破碎，这种无意义的社交活动，就称之为无效社交。比如日常中，你跟领导坐下来聊了15分钟，不完全是工作，但是让领导更了解我们了，知道我们的性格，知道我们的优点，而且适当的展现了你的专业水平，这个就叫有效社交。

如果在闲暇时候，你一休息就找一帮狐朋狗友喝酒，打牌，去结交一帮八竿子打不着边的人，有人跟你胡侃说他在中南海有熟人，有人吹牛说着老子一年能赚几个亿……这些就叫无效社交。

无效社交浪费有限的生命和精力，造成工作任务的拖延症，每天在那些无用的微信群、QQ群里面说些废话引起别人的关注，只不过是在争取一点无用的虚荣，耽误个人时间，对自己没有任何提升。在工作时候这样做还会耽误工作进度、挨骂、甚至会被辞退。

不过在拒绝无效社交之前，我们首先还是需要弄明白什么是无效的社交

无效社交，就是为了社交而社交。例如，某天你参加了一个社团，但里面大部分的人你都不认识或是没有共同语言的人。你和他们互相喝酒聊天，却不能触及灵魂。你和他们互加微信，却再也没有说过一句话。你和他们表面客套，却只是为了社交而社交，这种社交就是无效社交的表现，必须果断拒绝这种社交。

没有目的的社交也是无效的社交现实社会中，每一个名人的社交活动都是有他们个人的目的包含在内的，有的是为了金钱，有的是为了荣誉，有的是为了学习研究，那么我们是为了什么？如果我们说，我社交当然就是为了开心啊！那么我们就已经是在进行无效社交了。社交是必须有一个最终目的，举个最简单的例子：我们参加一个单身聚会，目的就是为了去摆脱单身，而不是跑去和陌生人吃吃喝喝，结果最后我们一个姑娘或者小伙子都没聊上，钱还花了，这就叫无效社交。

大部分无效的社交都是不对等的，所谓不对等社交，就是指和你身份地位不对等的人进行社交。在社交场中，没有人会想和一个无名小卒打交道。自己的层次决定了自己所能踏入的社交圈。若是强行融入不适合自己的社交圈，也许我们递出去的名片会被人转身扔掉。与其花费大量时间精力去社交，去讨

好地位不对等的人。不如用这个时间来提升自己，真正进入那个你想去的圈子里。

最珍贵的东西是时间，不要耽误别人的时间，也不要浪费自己的时间。多读读书，陪陪家人，提升自己，远比无效社交实用得多。

拖延对抗术

想要拒绝无效社交其实很简单，从现在起，就这样做：

退出那些没用的微信群

你因为一时兴起，加入了不少微信群，结果进去发现里面基本每天都只是在说一大堆的废话。这时候，果断退群。不要顾及面子的问题，实际上根本没有多少人会在乎你，你在乎的只有自己可笑的虚荣心。你需要的是，找出所有已经加入的这样的群，逐一退出，里面的人最多只会说一句，又一个退群的？然后就不会有人再关注你了。

主动远离狐朋狗友

交一些爱胡侃的朋友，可能是我们认为是一种生活放松的方式，实际上这有害无益，这样，在一起就只是为了纯粹的互相安慰互相抱怨，就像动物在一起会互相舔舐伤口一样，这并不会让我们的生活变得更好。而负能量这个东西是可以传染的，打牌抽烟喝酒赌博等恶劣习惯也是在这样的情绪中传播的。远离那些没用的狐朋狗友，就是对自己的人生负责。

把时间砸进图书馆

避开那些喧嚣和诱惑，最好的地方莫过于图书馆。肤浅的人和没有追求的人,往往是不会出现在图书馆里的,热爱图书的人往往是有理想有追求的人。人一旦顿悟了学无止境的道理,就自然不会再浪费时间去做那些无意义的社交活动了。我们平时不如把时间都放在图书馆里,积累沉淀,最后一鸣惊人。

你是砍柴的,他是放羊的,你和他聊了一整天,他的羊吃饱了,你的柴呢?我们一定不要再傻傻地做类似这样的事情,珍惜自己的时间,提升自己,拒绝无效社交带来的拖延症。

第四章

别再找借口了,拖延的本质是你压根不想做

1. 停止为拖延找借口！别把自己的拖延合理化

当你在某件事情上表现出拖延的时候，你是否也总是拿出各种冠冕堂皇的理由来解释自己的拖延？你这是在让你不正当的拖延合理化。"目标达成导师"西田一见说："说了自己不行，就会为自己开脱，认为自己真的不行。"久而久之，你将拖延合理化的行为会让你彻底丢失一部分重要的能力。

情景再现

郭新在新的公司待了两个多月了，最开始他感觉这个公司很适合他，无论是工作的内容还是公司里的氛围，他都非常满意，但随着对公司，对工作的了解逐渐深入，他发现这份工作并不是他之前想象的样子，由此他有了辞职的打算。

周末几个好友在一起吃饭时郭新把自己的这个想法告诉了在座的朋友们。其中一个朋友劝他不要犹豫，果断辞职，熬下去也是浪费时间。但郭新却说："现在已经过了企业招聘的高峰期，辞了职后怕是很难找到合适的工作。"

另一个朋友说："你多装几个求职类的APP，没事多看看，多投投简历，有合适的再辞职。"郭新却认为自己毕业后接连换工作，没有积累到什么工作经验，收到好公司面试邀请的几率并不高。

还有一个朋友劝他找领导沟通一下，试试调整岗位，郭新马上又反驳了："公司里的其他岗位我不够专业，怕做不来。"朋友们见郭新总有自己的理由来解释他不行动的事实也就不再为他提建议了。

理论链接

每一个正在拖延的人都曾有过类似于郭新的遭遇，在别人提出建议时，总会表现出一种"道理我都懂，你们说的我都知道，但我不行动确实有我自己的苦衷"的态度。这是因为当你迫使自己去完成某些特定任务时，你会对它们产生一种心理学家唤作"任务厌恶"的强烈反应，但你并不想真正面对这种任务厌恶情绪，所以会给自己的拖延找一些冠冕堂皇的理由，来掩饰你厌恶情绪背后不肯行动的事实。

要知道任何行动在开始之前都需要有一个明确而清晰的动机，有了动机所提供的动力你的行动才有可能发生。所谓的动机大都是一个自我说服的过程，也就是你告诉自己做这件事会有什么好处，以及进一步说服自己去做的过程。

此时，别人给你提出的建议恰巧能帮你更好地说服自己，但如果你一直用各种各样的理由来反驳对方，并为自己的不行动找理由，这就让自己的不行动合理化了。也许最开始你只是单纯地觉得对方的提议不妥，由此而提出了一些理由。但当你不断地反驳别人给你的建议时，你在不经意间就让自己不行动的合理程度得到了加强。到最后，你甚至让自己相信不行动、不改变才是最好的选择，你的拖延也因此而进一步得到了加强。

但这只是你用一大堆"合理的理由"所堆积出来的一种错觉，当你再次以原来的方式去生活或工作时你会发现自己认为的最合理的选择还是会让你感到不舒服。你仍旧需要摆脱拖延，用切实的行动来打破眼前的困境。

拖延对抗术

下面的这些小方法能帮你纠正总喜欢给自己的拖延找理由的行为：

先接受，并尝试对方的提议

对于很多人来说，反驳别人提出的建议已经不再是偶然现象，而是久而久之形成的一种习惯。这样的习惯让你在面对别人的提议时会不经思考就进行反驳，这显然不好。在平时的交流中你要有意地留心这个习惯，并尝试在别人提出建议时不急着去反驳，先思考再接受，并尝试按照对方的正确提议去做一些改变。

这种尝试本身就是一种行动，拖延也就在不经意间被消灭了。尝试是一个摸索的过程，因此你的尝试要不限于听从某一个人或某一种意见，多听听不同的观点，才能提高找到适合自己的方式的几率。

了解自己的脑回路克服拖延心理

每当你意识到自己应该正在做但实际却没有在做某事的时候，你就会用一些思维方式作回应来为自己开脱。但它们本身绝无实质助益，想要克服这些缺点，关键就在于你需要承认它们的存在。因此，我们应该提前列出一些自己有可能会用来为自己的拖延行为开脱的理由，然后利用它们来提醒自己谨记用不同的思维方式去回应自身的行为。

比如你想创业，在向别人请教这个选择是否正确之前，应该把别人可能提出的建议罗列出来，并针对这些建议再一次罗列出你可能会做出的反驳。提前预演这样的过程就像打预防针一样，避免在实际的请教过程中出现习惯性反驳。

选择性地向别人请教

当你把自己想要行动或改变的想法吐露给朋友们时，通常会产生支持和反对两种不同的声音。如果你在理性上认定某一种声音更符合客观事实，为了避免你给自己的拖延不断找理由，你应该选择与发出这种声音的朋友多接触，多交谈，并有意识地减少与持另一种观点的朋友的沟通次数。

其实这是一种心理强化的行为，在多次与某种观点的人接触时，他们对观点的认可会提升你自己对观点的认可程度。当你自身对某种观点的认可达到一定程度时，你也就形成了一种更明确也更清晰的认识。在这种认识的推动下你会产生一种义无反顾的行动力，拖延也就不再发生了。

想要改变就不要给自己的拖延找借口，更不要急着去反驳那些支持你改变的人，他们的支持是为了让你的行动合理化，而你的反驳只会让自己的拖延合理化。最终你失去的不仅是行动的机会还可能失去朋友对你的支持。

2. 拖延不是因为懒，而是因为不想做

有人说："焦虑和不安是因为不爱，拖延和惰情是因为不爱，放弃和离开是因为不爱。"其实，你拖延迟迟不肯开始也

是因为不爱。

情景再现

在不久前的聚会上,小敏见到当初和自己一样胖的大学舍友突然之间就瘦了下来,就赶忙去询问减肥的方法。对方告诉她自己每天早上坚持慢跑三公里,坚持了半年,再结合对饮食的控制,就慢慢瘦了下来。随后小敏也暗暗立志一定要早起跑步。

回到家后小敏想到向来不喜欢运动的自己长期不锻炼,一来体力跟不上,二来也没有适合跑步的装备,就打算从控制饮食做起,先坚持两周少吃晚饭,再趁着这两周的时间买点运动衣物,两周后正式开始晨跑减肥。

但两周后小敏的晨跑仍旧没开始,她早上仍旧会醒得很晚,晚上下班后,累了一天也很难控制好自己的饮食,总是忍不住要多吃两口好吃的。一段时间过后,小敏非但没瘦,还比原来胖了一点。

理论链接

"拖延"和"懒散"其实是两种概念,它们之间存在着差别,但也有一些交集,正因为这样,很多人会误以为"拖延"就是"懒散"。拖延症是指自我调节失败,在能够预料后果有害的情况下,仍然把计划要做的事情往后推迟的一种行为。懒散,指懒惰散漫;形容人精神松懈,行动散漫,不振作。从它们各自的定义上可以看出,"拖延"是一种行为模式,而"懒散"则是人的一种精神状态。

很多习惯性拖延者都有很强的独立性。他们在个人的自由受到侵犯或干扰时,会产生强烈的抵触情绪。由此,我们可以理解为拖延不是行为人所表现出的一种相对消极的精神状态，而是其主观意志上的不情愿。

我们都知道，行为的产生都需要一些内在的驱动力来支持，而内在驱动力的产生则建立在行为人对该行为的认可之上，如果行为人对某种行为并不认可，甚至有抵触的情绪，那么一旦他的行为没有了内在驱动力的支持，就会变成一种拖延。

但在实际的生活中我们经常会遇到一些自己主观上不认可，但客观上又不得不做的事情。遇到这样的情况我们就需要用一些方法来提升我们对该事件的认可程度，进而避免拖延。

拖延对抗术

给自己一些及时的反馈

我们都曾有过这样的感受——在完成某个任务后会产生一些成就感和荣誉感之类的积极情绪，我们把这些积极的情绪称为任务完成后带给我们的积极反馈。这些积极的反馈能抵消掉任务中所包含着的一些消极因素——在任务执行中遇到的阻碍，其中就包括了我们对任务本身的不情愿和不认可。

因此，我们可以通过人为地给自己制造一些积极的反馈来促使自己去完成那些不被自己认可的任务。

我们可以把任务分为不同的阶段，每个阶段完成后都给自己一些小的奖励，这些小的奖励将抽象的成就感和荣誉感具体化了，具体化之后的积极反馈将更好地帮你克服行动中遇到的阻碍。任务告一段落之后你可以允许自己吃一顿好吃的，打一下午的游戏，看一场电影，买点之前舍不得买的东西等等。

公开承诺，积极打卡

如果你有一个自己并不愿意去做，但又不得不做的任务，公开任务，宣布承诺，并建立打卡制度能帮你避免拖延，可以更好地去执行这个任务。

把自己的任务公之于众，并立下一定的承诺之后，接收到这一信息的人就在无形中成了你为自己预设的监督对象，从此你的任务由只对自己负责变为对多人负责，如果你不去做就会觉得仿佛受到许多人的指责。在这种压力之下，行为的拖延程度会被减缓。

设置积极的打卡制度会让你在任务执行的过程中充满仪式感，这种仪式感会对你任务完成的时间点和任务完成的具体数量作出明确的规定，这种定时的打卡制度能进一步帮你在按时按量完成任务的基础上，避免拖延。

你可以在每天任务完成后拍一张照片，把它按固定的格式，在固定的时间点发到朋友圈或微博等社交网络上。比如：夜跑打卡，21：00，3公里夜跑完毕，用时15分钟，再附上一张你夜跑时的照片。

罗列任务带给你的积极影响

一些你极不情愿去做但又不得不做的事情，从客观上说，完成它必定会给你带来不少的好处。比如你非常不愿意去写一篇心灵鸡汤类的稿件，但又不得不写。这种情况之所以会发生是因为任务本身带给你的诱惑还不足以去抵消你对任务的不认可，因此，你可以通过强化任务带给你的诱惑，提升自己对这项任务的认可度来让自己不拖延。

把这项任务会给你带来的收益条理清晰地罗列在一张纸上，并在这些收益之后写出收益带给你的积极影响。比如：写了这篇稿件之后我会得到一笔稿费，这笔稿费能让我在未来的一段时间内经济更为宽裕。

遇到自己不情愿做的事情会一再拖延,这是正常现象,但如果这件事情你不得不去做,那么你就需要一些好的方法来战胜自己的不情愿,避免拖延。

3. 事情并没有你想象得那么难

在你认为某件事情很困难的时候就很容易陷入拖延,但很多事情只是看上去很难。正如莫泊桑所说:"生活永远不可能像你想象得那么美好,但也不会像你想象得那样糟糕。"

情景再现

郭涛进入职场还不满一年,最近她被分到了一个新的项目中,在培训结束的时候,所有人都需要到市场去实操,与实体店的商家对接公司的产品。

一直以来郭涛都是一个比较羞涩的女孩,经常怯场,突然接到这样的任务,她一下子慌了手脚,不知道如何才好。

任务开始的第一天,她向领导请求先跟在有经验的老同事身后学习学习,之后再独立与商家对接。跟着老同事在外面跑了两天后她仍旧没有足够的信心去独自和商家进行对接,她只能再找其他的理由避免独自外出,找来找去也没有找到合适的理由,最后只能用请假来躲避与商家对接。

到了月末考核当月业绩的时候,郭涛因为没有完成一次对接而受到了领导的批评。

理论链接

在面对一些困难的事情的时候，内心很容易涌现出一种恐惧感，这种恐惧感让我们的行动变得迟缓、拖延，任务迟迟不能完成，甚至不能迈出任务执行的第一步。我们把这种情绪称为"畏难情绪"，可以说畏难情绪是导致拖延的根源所在。

但你有没有想过，在面对那些所谓的"困难事情"时，还没有开始做，它的"困难"程度是从哪里得知的？它又是如何给我们带来恐慌的？

在接到一个新的任务时，我们会不自觉地拿我们过往的经验，再结合对这项任务的初步判断，来对这项任务的困难程度做出一定的评估。我们的恐慌感就是由这个评估结果所导致的。

但这种评估很多时候是不准确的，我们过往的经验所对应的是当时的自己，那时候的自己能力还不够成熟，很多认知还不够健全，在面对一些事情时难免会遇到一些困扰。但如果把当时的一些经验当作评估现在任务的尺度，而忽视了自身的进步，最终得出的结论也会与客观事实有很大的出入。

其实这种现象很好解释，曾经有这样一则寓言，与之有异曲同工之处：动物园里大象被一根细细的绳子拴在那里，它不跑不跳也不挣脱。原来，动物园的饲养员在大象很小的时候就给它拴上了这根绳子，那时候它拼命挣扎，但始终没能挣脱，久而久之它就放弃了挣扎。过去的经历就像拴住大象的那根绳子，它限制了我们正确评估眼前事物的能力。

在遇到一件自己从未遭遇过的事情时，我们还喜欢"借鉴"别人的意见，根据别人的意见，或大众的普遍认知来对这件事情做出一些难易的判断。大多数人认为困难的，我们也会认为它做起来定然不容易,大多数人认为简单的,我们会认为它并不困难。

但很多事情具有极强的针对性,在这些事情上,所谓的大众普遍认知和别人的意见都不具有参考价值,在这种情况下,如果你对事情的评估还过于依赖外部的声音,那么你的评估结果也会变得不够准确。特别是当外界声音都认为某件事情较为困难时,你会在事情开始执行之前就产生严重的畏难情绪,在这种情绪的作用下,你会变得逃避、拖延,迟迟不敢迈出行动的第一步。

拖延对抗术

此时,你需要一些方法来帮你克服任务开始之前的恐惧情绪:

在精力最充沛的时候开始

人在精力充沛的时候会表现得更为乐观,更愿意接受挑战,在任务执行的过程中也会表现得更具有韧性和创造力。如果某件事情让你感到了恐惧,进而产生了拖延,不要急着去强攻,消极状态下去处理这些事情只会让你更难受,反而会加重你的拖延。

你最好选择一个精力充沛,情绪高涨的时间段去开始这件事情。情绪高涨,精力充沛的你更容易克服事情起步阶段所遭遇的一些困难。

一个人的精力通常会在一天中的某一固定时段达到巅峰,你可以在你精力的巅峰值去做那些让你恐惧的事情,当事情度过了初始阶段的困难期后再进行时间上的调整。

尝试性地坚持 10 分钟

打破心理恐惧最好的方法就是尝试，如果某项任务让你感到恐惧，不要一味地躲避和拖延，而是要去尝试，很多时候尝试会帮你揭开罩在事物表面上的那层神秘面纱。

在面对一项你认为很困难的事情时，你可以抱着尝试的心态去坚持 10 分钟。对于很多事情来说，10 分钟就可以完成一个小的任务，当你有了这 10 分钟的体验和经历后，事情给你带来的恐惧感也会大大缩减。这会直接促成你的下一次行动，任务执行也就有了突破。

有些事情，没你想象的那么难。做不到，不可怕，可怕的是还没开始做就觉得太困难从而放弃了。去做了，你会发现它远没你想象的那么难，有的时候你甚至会发现它比你想象中的要容易得多。

4. 你用拖延来逃避"成功"，因为那不是你想要的

有的时候，在一些近在咫尺的成功面前，有人依然会拖延。成功本是一件好事，你拖延无非是因为你并没有发自内心地渴望这个成功。但生活大多数时候不是你"想与不想"的问题，而是你"不得不做"的问题。

情景再现

有个朋友，以前接印尼语翻译的单子，会拖到最后一天哭着做完。但他接作曲的单子，从来不拖，不仅不拖，还会在第

一时间就迫不及待地开始构思创作。

因为他不喜欢翻译,只喜欢作曲啊,就这么简单。所以表面的问题好像是"如何克服拖延症?",而内在的问题其实是"如何说服自己去做明明不喜欢,却又不得不做的事?"这时候,我们要停下来,问自己一个问题:"当初选择做这件事的时候,我的初衷是什么?"当初朋友选择接这个翻译的单子,是因为他需要一笔钱交房租,这,就是他的初衷,那么好,我们现在不妨换一种思路,能不能不把翻译看成一件"不得不做的事",而看成一件"自己选择做的事"。

千万要注意,这个句式是"我选择做某某,因为我想得到某某"而不是"我不得不做某某,因为我怕某某"。千万别记错了。"不得不做,因为我怕"是弱者思维,这样思考,你会越来越胆小,"我选择做,因为我想得到"就是强者思维,这样思考,你会越来越大胆,才能有动力开始去做。所以,如果你渴望成为强者,那就应当把你当初选择做的事情坚持到底。

理论链接

有时候扪心自问:为什么明明可以迅速解决掉的事情,却偏偏要被逼到十万火急、迫在眉睫之际才不得不想办法去完成呢?其实原因很简单,你只是不够喜欢,所以你一开始选的路就注定了是一条敷衍的路,对于一件既不上心又不喜欢的事情,哪怕再简单不过,我们也会选择拖延,即使你做得再好,也无法从中体会到快乐,因为这根本就不是你想要的成功。

只有做自己喜欢的事,才不会拖延。在著名的横店影城的群众演员中,总是不乏高学历高素质的人,他们有的放弃了稳定的公务员职位,有的离开了舒适的事业岗位,带着行囊,不远千里来到横店过着风餐露宿的生活,拿着微薄的群演工资,演得不好还要被导演劈头盖脸地骂,在我们普通人看来,他们或许是疯了吧?舒适的日子不过却非要跑到这里来受罪?我们可能会百思不得其解,但对他们来说,只不过是因为觉得梦想不能拖延,他们不在乎别人的看法,他们只寻求自己的梦想,代价再大,也要努力前行。

但并不是每个人都能找到自己愿意倾注全部热情的事情,即便做了自己喜欢的事,也不能保证和这件事有关的所有事都喜欢。如果我们可以只做我们内心想做的事情,那该有多好。可是不幸的是,我们总是要面对很多不喜欢的事。

比如,你不喜欢考证,但不考证会影响以后找工作,所以不得不去考。那么,如果面对一个我们不想去做的任务,该如何是好?嗯,我们可以跑开,去做其他的事情分散注意力,直到拖到不能再拖……但我们也可以想办法去完成。

拖延对抗术

下面的这些方法能帮你在不喜欢的事情上同样表现出雷厉风行:

找到事情背后的价值与意义

事情既然非得要做,那它就一定要具有价值与意义。有句话说得好:"人不是怕痛苦,是怕痛苦得没有价值。"人不是怕去做那些让人痛苦的事情,不是怕去做那些枯燥的事情,怕的是做完那些事情后没有价值与意义。所以,要接受并完成让人不那么愉悦的事情,就要找到事情真正的价值与意义。思考这件事给你带来的收获,构思完成这件事情时的良好画面,让它成为你的力量,推动你去完成那些在当下做起来不那么爽的事情。

利用番茄工作法

做不喜欢的事情时,最大的敌人就是不能专注。"番茄工作法"的创始人弗朗西斯科·西里洛大学期间一度作业做不出、学习学不进去。他发狠地对自己说:"我能学一会儿吗?哪怕真正学上10分钟?我得找个计时教练,谁来替我掐表呢?"后来他找到了,是一枚厨房定时器,形状像番茄。

从此,弗朗西斯科不再因为事情的繁杂而焦虑,他要做的就是定好25分钟番茄闹钟,然后专注于手头的任务。那么,当我们面对不喜欢却又必须要做的事情时,就从设定好25分钟开始吧,它最大的好处就是能够使我们在当下保持最大的专注。

选择用让自己快乐的方式去完成

既然这件事情是非做不可的,不管快乐还是痛苦都必须做完。那么,与其痛苦地去完成,不如选择快乐的方式。比如学政治看起来很枯燥,与其用痛苦被动的心态去学习,不如通过鲜活的历史事件来加深对政治的理解,或是找到自己喜爱的方式来进行学习。我想,只要你愿意,一定能够找到让你开心应对的方式。

这三个小方法,就是来应对那些你不喜欢做,但又不得不做的事情的小策略。想知道灵不灵,就来试试看吧!

5. 选择一份你感兴趣的工作是最重要的

你有没有发现,在做感兴趣的事情时你的坏毛病都不见了,包括困扰你许久的拖延。

情景再现

王萌萌辞了杂志社文案策划的工作,问她最近在做什么,她答,做微商,卖衣服。一个重点大学英语系毕业,貌美如花还有自己独特穿衣品味的姑娘辞了在同学眼中体面的白领工作,蹲在家里一天天刷着朋友圈。

当初在杂志社工作的时候,王萌萌总是拖拖拉拉,迟迟不能完成工作。但自从做了微商,她拖延的毛病一下子不见了。

理论链接

不擅长的东西让人很痛苦,而痛苦则必然导致拖延症,这是很有道理的,大家可以回忆,从读书、实习到现在做过的工作,大概只有两种是你没有抱怨过的,一种是感兴趣的,一种是擅长的。之所以感觉会累会拖延,无非就是因为这份工作,既不喜欢,又不擅长。

兴趣这个东西容易发掘出来,一件你所擅长的事,至少是出于你内心对它由衷的渴望,并能从中获得内在的满足感。再次这件事你相对其他人来说学得更快,做得更好。即使是卖衣服这种在我们普通人看来没有任何技术含量甚至是低级的工作,所要求具备的品味或是亲和力,也并不是每个人都拥有的。

拖延症往往源于无爱,无爱会诞生种种腻烦、厌倦、逃避等负面心理,试想,一个你朝思暮想的恋人正在等你约会,你可能会让对方多等一分钟吗?在工作上也是一样,如果条件允许,你应该在工作之前就先找好兴趣所在,并努力朝着这个方向前行,哪怕花点时间去寻找也没有关系,因为,只有你感兴趣的工作,才可能让你坚持不懈,事半功倍。为什么有些人可以成功,而另一些人却一生碌碌无为?除去际遇、环境、时代等影响外,可能与其所从事的工作是否符合其兴趣及特长直接相关。

拖延对抗术

说完这些不妨让我们谈一谈如何来找到自己感兴趣的工作吧。那么,怎样判断你现在所从事的工作是否是你感兴趣的?是否适合你?其实你只需回答两个简单的问题:

(1)你对现在从事的工作是否乐在其中,废寝忘食?

(2)假如你中了1000万彩票,拥有了一笔不再为生计发愁的巨款,你还会从事你现在的工作吗?

如果以上两个问题的回答都是"不",那说明你现在所从事的工作不是你最感兴趣的,并不适合你,你需要考虑重新选择工作。

判断自己有没有找到适合自己的工作,可以从对待工作的态度来观察。有位名人说:"除非你爱自己的工作达到废寝忘食的地步,否则,你肯定还没有找到自己真正的兴趣所在。"看看你周围的人,有多少人爱自己的工作达到废寝忘食的地步?"谢天谢地,终于又到周末了"是许多人当下的生活状态。

在探索真爱事业的过程里,我们需要可行的方法,更需要耐心和勇气。

向内心寻求答案,而非外在。

如果你正迷茫,试着把你所知的所有职业列出来再进行筛选,恐怕你会失望。每个人对于所处环境的认识都受限于自己头脑里的知识和经验,然而在这个日益更新的时代里还有很多的工作领域和工作方式是超出你现在的认知的。

问招聘网站，不如问你的心：

回忆你的童年，打小你就特爱干的是啥事儿？打小你就表现出比同龄人强的是哪一点儿？

你的父母擅长做的是哪些事儿？你的祖父母擅长做的是哪些事儿？

回忆你平时生活和工作中的细节，做哪些事儿时你最得心应手？哪些事儿是你特喜欢做的？

你在学习哪些东西时，比一般人要学得好？

你经常被哪些东西吸引注意力？

你做哪些事情时会很不自在？

如果你拥有花不完的钱，以及身边人大力的支持，为了实现你的自我价值，你会选择做什么工作？尽量描述得详细些。

你最好花一段时间认真思考这些问题并做好记录——也许你需要几周的时间。

做完这个过程之后，列出所有可能你会喜欢的行业和职位，一一剖析，然后问自己以下几个问题：

我愿意一辈子只从事这个事业么？

——如果答案是 YES，再接着回答下面的问题；否则请换下一个兴趣职业。

我会不会因为挫折而放弃从事这个行业？哪些挫折会令我放弃它？

——如果会有所放弃，那就算了，换下一个。

我为什么喜欢这个行业？

——如果是因为觉得这行赚钱多，或看起来光鲜，或跟自己的偶像有关，赶紧醒醒吧。除了只跟你自己有关的答案，其余统统可以排除。

我愿意为它付出我所有的业余时间来进行学习提升相关专业度么？我愿意争取所有有助于自己提升专业度的机会么，即使没有报酬？

——如果答案是 YES，恭喜你。否则，换下一个。

……

选择一份你真正感兴趣的工作，你会把自己所有的热情投入进去，拖延什么的，自然而然就不见了。

6. 做真心想做的事，你就不会拖延

村上春树说："人生本来如此：喜欢的事情自然可以坚持，不喜欢的怎么也长久不了。"是啊，面对那些我们压根就不想做的事情，怎么能够保证不拖延呢？

情景再现

大学毕业后，张楠在一家普普通通的私营公司做了一名公司职员，她很喜欢这份工作，也很喜欢这个公司，但父母却认为私人企业靠不住，还是趁着刚毕业，还在学习的状态，赶紧考一个公职岗位。

张楠禁不住父母的软磨硬泡，只好买来参考书，在业余时间准备准备考试。但向来不喜欢公职岗位的她无论如何也复习不进去。每天下班后她总是不急不缓地吃饭，不急不缓地洗漱，

一切事情都忙完后她才会拖拖拉拉地坐在书桌前看一会书。

临近公务员考试报名的那段时间，张楠的工作正好也迎来了一年里最忙碌的阶段。那段时间父母总是提醒她要尽快报名，但她总说："不着急，最近工作那么忙，等忙完了再好好挑一个岗位报。"这一拖再拖，就在不经意间错过了考试的报名时间，此时，张楠不仅没有懊恼反倒有一丝欣喜。

理论链接

相关调查显示，70%的人都有或轻或重的拖延症，但每个"患"拖延症的人也并非在所有的事情上都会拖延，他的世界里总有那么几件事是从不拖延的，有的事情甚至是迫不及待的。那些让他不仅不拖延，甚至还表现出超强的执行力的事情大都是他喜欢的事情，或者是他感兴趣的事情。

当你发自肺腑地喜欢一件事情的时候，你不仅会不由自主地在这件事情上投入更多的时间、精力以及珍贵的注意力。在这件事情上你还会表现出与你大多数时刻迥然不同的积极与主动。在这些事情上，你从不拖延，你甚至会通过拖延其他事情来为这件事情留出更多的时间。

比如在工作和生活中有着严重拖延症状的你喜欢打游戏，每天下班后你会迫不及待地回到家，急急忙忙地打开电脑先尽情地打一局游戏，在打游戏时你甚至会把吃饭和其他事务都往后推。

而决定你对某件事情喜欢与否的是你在做这件事情时这件事情带给你的反馈，特别是第一次接触这件事情时，这件事情带给你的初次体验，可以说这种初次体验直接决定了你以后是否会继续做这件事情。

当你第一次做某件事的时候,如果获得了远超自己预期的正向反馈,在成就感和荣誉感以及幸福感等正面情绪的激励下,你会喜欢上这件事,这又将促成你再次重复这件事情。随着你在这件事情上重复的次数越来越多,你投入的时间、精力以及注意力也就越来越多,这会给你带来更多的正面反馈,一个良性的循环就这样构建起来了。这种良性循环的本质就是一种坚持。

同样,当你第一次做某件事获得了非常不好的体验时,你就会开始讨厌这件事,并就此断绝下一次同样行为发生的可能性。当你不得不再次做这件事情时,你就会产生消极的应对态度,拖延就这样产生了。

由此,我们有充足的理由相信,人在做某件事情时获得的初次体验能决定今后他在做这件事情时是否会出现拖延的现象。再进一步,我们也可以通过改善这件事情带给人的切身体验,让他逐渐喜欢上这件事情,最终避免在这件事情上出现拖延。

让某件事情带给人更好的体验是有一定方法的。

拖延对抗术

很多事情,不管你喜欢与否,都必须去做而且都不允许拖延。那么你只能试着去喜欢上那些你原本厌恶的事情,下面的这些方法能在这方面帮到你:

营造更好的环境

如果你在某件事情上表现出了严重的拖延,你可以通过改善做这件事情时的环境来让自己获得更好的体验，更好的体验能逐步改善你对这件事情的印象，一段时间之后，你的拖延会得到一定程度的改善。

比如你在工作上常会表现出拖延，你可以通过装扮工位，购买鼠标、键盘等提升你工作体验的硬件设备来让你在工作时获得更多的正面反馈。

选择做自己喜欢的事情

也许在学校的时候我们没有充分的选择权，但进入社会后，作为一个独立的个体，无论在工作还是在生活中，我们都可以试着选择喜欢的事情去做，做喜欢的事情可以在很大程度上避免拖延的发生。

如果你在工作上表现出拖延，你可以和领导沟通，换一个自己喜欢的岗位，或者换一个自己更愿意做的任务。如果你正在瘦身，但厌恶跑步的你在健身上表现出了拖延，你大可以报一个舞蹈班来达到瘦身的目的。现实生活中，达到同一个目的会有不同的选择，选择一个你更喜欢的才能避免拖延。

建立起容错机制

在长期重复某一行为时，难免会遭遇一些失误，这些失误会给人带来一些负面的情绪，如果你在负面情绪的影响下患得患失，就很容易在之后的行为中表现出拖延。建立适当的容错机制，允许自己犯错，才能让自己持续不断地被正面的反馈激励。

既然做喜欢的事情会避免拖延，为什么不把不喜欢的事情换成喜欢的呢？

7. 你是否觉得反正来不及了，做与不做都一样

很多时候，我们都会因为"来不及"而陷入一种消极的拖延。这种时候，我们总以为预留的时间已经不足以去完成任务，既然无法达成目的，倒不如不急不缓地去做事。"破罐子破摔"的心理导致了很多不必要的拖延，也错过了很多潜在的机会。

情景再现

最近的几天，苏荃总是很焦虑，手边有一大堆稿子等着他去写，但留给他去处理这些工作的时间又不多，出版社、杂志社也已经几次三番地打来催稿电话。

苏荃大概统计了一下，按每天八个小时的工作时间，外加一个小时的加班来算，在剩下的三天里怎么也不可能把这一大堆稿子写完，并按照当初约定的时间把稿子交上去。他想："按时交稿是不可能了，既然这样还着什么急，慢慢写呗，能写多少写多少，这也是没办法的事情啊！"有了这样的想法后，他就开始了拖稿。

不知不觉中，苏荃的拖稿就成了一种习惯。

苏荃因为拖延损失掉了几个重要客户之后，他决心戒掉自己拖稿的坏习惯。后来，不管他手里有多少稿子，也不管时间多么紧迫，他都尽力去写。渐渐地，他发现很多原本以为无法按期交稿的文章反倒被写活了，稿子越写越顺手，最后竟然在约定的日期之内把稿子交了上去。

理论链接

现在，越来越多的人发现自己的时间不够用，并且，有这种感受的人在工作和生活中感到时间不够用的频率越来越高。心理学上有个叫"时间恐惧"的词汇就是在指代这一现象。

"时间恐惧"的发生并不是一个短期内发生的偶然现象，而是一种在长期精神压迫之下形成的思维模式，有"时间恐惧"症状的人因受到大脑的控制，无意识地将"时间紧迫"转化为固有观念，常常会感受到时间不够用，并为此而感到焦虑、慌张。然而在这种情绪下，一些人并不会因为时间的紧迫而去奋力拼搏，反倒会因为不断加重的焦虑和恐慌而产生拖延。我们可以把这种消极的拖延看作一种变相的放弃。用消极的态度，松散的意志去敷衍任务，也就相当于放弃了这项任务。因为，有了这种心理之后，人们不再关注任务完成的结果，只是把任务的执行当成一套走完即可的"固定流程"。

在接到一项任务时人们总会不由自主地根据以往的经验对这项任务进行一番评估，评估之后会得出一个完成该项任务所需的时间。当这个评估的时间远远超出现在拥有的时间之后，庞大的任务量与紧迫的时间交织在一起，就会营造出一种恐慌的心理，拖延也由此产生。

但这样的思维模式是不够准确的。首先，这种思维模式忽视掉了时间的伸缩性。时间的确存在着一种伸缩性，特别是用来执行任务的时间，它不仅仅局限于每天八小时的工作时间，如果遇到一些紧迫的任务，我们完全可以通过减少耗费在其他任务上的时间来为该项任务的执行找出更多的时间，减少吃饭、出行、娱乐的时间，必要的时候还可以减少一部分休息的时间。

"时间恐慌"下的思维模式也忽略了人的工作效率会因时间的紧迫而提高这一关键因素。在相对紧迫的时间中，人都会不由自主地提升自己的专注程度，付出更多的精力。工作的效率就会因此而得到极大提高。

潜在时间被发掘以及工作效率的提高完全有可能使一些原本以为无法按时完成的任务在规定时间内完成。

拖延对抗术

下面的这些方法能帮你在时间不够充足的情况下，按时完成任务：

从最容易的角度切入

经过观察我们发现，任务处理的切入点也是"时间恐惧"导致拖延中至关重要的一环。任务切入点的选择很可能决定拖延是否会发生。在任务执行中，如果你选择较为困难的角度切入，很可能在任务执行初期就陷入停滞，大多数的停滞都会演变为拖延。但如果你选择一个容易的角度来切入，很可能因此而打开一个任务执行的缺口，然后任务在顺水推舟的状态下逐步被完成。

因此，在时间紧迫时，为了消除恐慌感，你应该选择一个更为容易的角度作为任务执行的切入点。行动是打破恐慌最好的方法。

找出更多的时间

你可以在出行的途中做一些收发邮件，构建思维之类的工作，也可以在吃饭时吃一些很快就能做好或者很快就能吃完的食物。休息上，在确保工作不受影响的前提下你可以尽量把休息的时间缩短（这样的行为只适用于少数的突发情形，并不适用于长期任务）。

你因为时间不充足而拖延的行为就是一种放弃，这样的放弃会让你错过很多潜在的机遇。在没尝试之前永远不要轻易地说"时间不够用"，尝试之后你会发现，只要你想，总能找到办法按时完成任务。

8. 年龄大不是你拖延的理由

你是否也曾拿年龄大当借口，拖延着不去行动。有人说："不要拿年龄当借口，青春的载体不是年龄而是心。"年龄从来都不是拖延的理由，年龄大不代表你可以荒废终身，也不代表你有低效率的特权。

情景再现

已经工作5年的郑东事业走到了一个瓶颈期，他突然发现，自己的事业要想有所突破必须提升学历，但他离开学校也已经五年了。今天的他事业已经小有成就，就在去年他刚结了婚，妻子现在已经有了身孕。

面对接下来的人生，他不知道应该选择哪条路。其实，他很想再回到学校读个研究生，但读研就要放弃当前的工作，这也就意味着他们夫妻二人会因此而失去收入来源。又考虑到现今的他已经是快要"奔三"的人了，哪还有静下心来学习的精力，他就这样在岗位上拖着迟迟不敢行动。

他的妻子知道他的想法后与他进行了一次深入地谈话，妻子说："你要知道，现在的你是你余生中最年轻的自己，现在不去实现梦想，以后就更加没有圆梦的机会了。"郑东被妻子的一番话点醒了，他毅然决然地回到了校园里，利用三年的时间完成了研究生的学业。毕业之后因为之前不俗的工作成绩和更高的学历，他获得了一份收入颇丰的工作。

理论链接

在生活中，我们总能听到这样的话："哎！精力越来越不够用了，慢慢来吧！"年龄大成了很多人拖延的理由。男人会因为年龄大而迟迟不肯放弃自己并不喜欢的稳定工作，去重新开始；女人会因为年龄大而迟迟没有勇气向并不相爱的男友提出分手，最终走进一段并不幸福的婚姻。这时，我们不禁想问："年龄大究竟代表着什么？"

年龄的增长带给我们最直观的影响就是体力和精力的衰退。我们总认为人到了30岁之后，体力和精力就会明显衰退，很难再负担巨大的工作量，做事情的时候也很难再做到专注。学习的能力也会随之而直线下降。

哈佛大学一心理学研究收集了近五万名被试人的在线IQ和记忆力测试，结果却表明：词汇量、理解能力、常识、数学能力和分类总结能力普遍在四十甚至五十岁才达到顶峰，之后开始逐渐下降。

这个年龄段的人大都已经度过了依靠堆积工作量来提高收入的阶段，步入了依靠智力来获得更高收入的领域。再加上无论是体力、智力、理解力还是记忆力都可以通过后天的锻炼来延长它的巅峰期。所以年龄大并不是一无是处，更加不是我们停滞不前的借口。

在普遍的认知里，年龄大的人还承担着过大的生活压力。这里的"生活压力"大概可以分为经济负担和劳务负担。我们总以为人在结了婚之后要承担过多的经济负担，但事实却并非如此，一个年轻人在结婚之前大都过着入不敷出的日子，而结婚之后，因为有了另一个人为你提供额外的收入来源，你的生活会大有改观。

生活上的事务也是同样的道理，原本需要你一个人里外操持的家务，从此以后会有一个人帮你分担一部分。

我们再来说心态方面的问题，我们都知道，一个人在心静下来时，学习才会更加高效，但20出头还没有成家立业的人很难做到这一点。30多岁的人则不然，他们已经有了自己的家庭和事业，相对于20出头的年轻人而言，他们的心会更加笃定，也更有利于去奋斗，去学习。

拖延对抗术

下面的这些方法能帮你抛开年龄的因素，重新做一个高效而有活力的人：

尝试一些极限运动

30多岁的人和20多岁的人相比，不是失去了一些诸如"活力"一类的东西，而是他们在无意间把这些年轻人的特征都隐藏了起来。参加一些极限运动，运动中伴随的惊险和刺激能瞬间让人兴奋起来，在惊险与刺激的作用之下，所有成熟的伪装都会褪去，这时你会发现30多岁的你可能比那些20出头的年轻人更有活力。

最典型的极限运动有滑板、小轮车、攀岩、蹦极。但这些运动都有一个典型的特点——危险性高,所以在进行这些运动时,一定要做好防范措施。

保持背诵的习惯

随着工作年限的增长,你会发现,记忆能力对于任何工作来说都很关键,但记忆力在不使用的情况下会呈现出衰退的趋势,保持背诵的习惯可以确保你的记忆力不至于衰退,久而久之还有可能略有提升。

至于背诵的内容,除了具有应用性的东西之外,你可以尝试性地背一背唐诗和宋词。这些古人留下的宝贵遗产带给你最直接的好处就是会让你变得谈吐不凡。

为自己的改变支付费用

在30岁左右这个年龄阶段需要变得更加高效和精准,要达到这个目的,光靠自己去摸索远远不够,也不能听一些不够专业的人来指导,你需要通过付费来获取专业的指导。当然前提是你有足够的财力来支付这一笔投资。这笔投资也将为你带来不一样收获。

这时你需要支付的费用既包括了各种资讯所需的费用,也涵盖着各种培训所需要的资金。

要记住,我们在每个人生阶段都有追求更好生活的权利,也有平等参与竞争的义务,不要再让年龄大成为拖延的借口。

第五章

拖延是因怕困难？很多困难都是想象出来的

1. 把不喜欢又必须要做的事排在最前面

生活和工作中总有一些事情是你不想做但又不得不做的，这些事情你最好在第一时间处理完。那些你不喜欢做的事情不要指望以后去做，这些事情一旦拖延将会永久拖延。

情景再现

在为考研而准备的那段时间里，每天最让田敏头疼的是那堆将近三十本的参考书目，这些书目必须在不到一年的时间里全部读完，还要针对性地熟记一些重要的知识点。参考书目大都是纯理论性的学术专著，内容抽象，晦涩难懂。

最开始，田敏把阅读记忆参考书目安排在每天晚上的八点到十点，这是她一天复习的最后阶段。但一段时间过后她发现这样做效果并不好，一方面那些难啃的书目就像一件烦人的心事，放在那里时不时地就分散了她的注意力，影响到了其他科目的复习。另一方面，她发现，这些困难的任务，越是往后延，就越是不想做。经过一整天的学习，到了晚上，精力已经表现出了明显的不够用，这时她再去啃这些晦涩难懂的书目，不仅效率低下，而且还会陷入拖延。

后来她把阅读参考书目的任务安排到了每天上午，这样的调整让她在半年内就把所有参考书目都看了一遍。

理论链接

人在面对一系列难易程度不一的事务时，往往会选择从相对简单的事务入手，而把那些困难的，烦人的事务放在最后，但这样做的结果往往并不理想，也不会像我们设想的那样由浅入深最终水到渠成，那些困难的事务越是往后就越是不想做，拖延的行为就产生了。

这与人在处理任务时自身能量的变化趋势有关，处理任务时需要耗费人的精力、脑力、注意力以及创意能力等等，其消耗过程往往是单向的，也就是说随着任务的逐步推进，人的精力只会越来越少。而那些复杂繁琐的事务在处理过程中需要消耗的能量更大，如果把它们放在整个任务流程的后期，人的能量在经过了大半个任务的消耗之后很可能后继无力，没有了足够的能量支撑，也就难以避免地产生了拖延现象。

如果你把复杂繁琐的任务安排在整个任务执行的初始阶段，这个阶段你有充足的精力，你的脑力、注意力也在一个巅峰，在这种能量充足的情况下去做那些相对复杂的事务，不仅效率更高，还能充分激发自身的活力，让整个任务执行流程都变得高效起来。

这是因为人在处理任务时还有一个被称为"工作状态"的关键因素在左右任务的进程。与人自身能量呈现出单向的下降趋势不同的是，人在工作时所表现出的"工作状态"会呈现出一个抛物线的轨迹。它会先有一个上升期，在上升到一个峰值的时候就开始回落，最终降落至低迷期。

把一些困难繁杂的事物放在整个任务的初始阶段，在这些事务充分调动自身能量时，人会变得更加专注，很容易达到一个"心流"的状态,所谓"心流"指的是做事时忘我愉快的状态,这能缩短"工作状态"上升期所耗费的时间,也能在一定程度上提升"工作状态"峰值的上限。当你闷头苦干一阵后你会发现时间过得很快,自身也处于一种极度兴奋的状态。从任务的整个流程着手,把一些困难繁杂的事物放在整个任务的初始阶段,会让任务的整个流程都变得高效起来。

除此之外,将复杂任务放在初期去做,还与人在任务执行过程中所表现出来的自信心有关。人在面对复杂繁琐的问题时,很容易被问题的庞大与复杂给震摄住了,觉得自己力量有限,举步维艰。而当你调动起自己的一切能量在任务的初始阶段就把这最为复杂的事情解决掉后,就相当于在心理上为自己造势,通过之前问题的顺利解决,你会切实地感受到自己的主观能动性,进而士气大增,带着充足的自信去迎接下面的任务。

拖延对抗术

做自己不想做的事情必将是痛苦的,下面的这些方法能让你的痛苦得到缓解,也能帮你更好地应对那些你不想做的事情:

用"四象限法则"找出你最不想做,也最困难的事

这里我们可以借用时间管理上的"四象限法则",找出自己最不想做,也最困难的事情。你可以先用"难易"和"想做,不想做"两个不同的维度来搭建起一个四象限的坐标。这四个不同象限中所包含的事务分别为:一象限,不想做也很困难的事务;二象限,想做但很难的事务;三象限,想做也不难的事务;四象限,不想做,但很简单的事务。

一个合理而高效的任务处理流程是:一象限、二象限、四

象限、三象限。

选择在精神饱满的时候开始

什么时候人的精力最充足？这个不能一概而论，而是要依据个人情况，一天之中每一个时间段都有人处于自己精气神的巅峰期。大多数人会在脱离睡眠状态一小时之后迎来自己精气神的巅峰期，也就是上午的八点钟左右和下午的三点钟左右。在这个时期做一些难度较高的工作会帮你提升一整天的工作效率。

手边常备一些坚果

坚果类食物中含有大量的不饱和脂肪酸，还含有15%～20%的优质蛋白质和十几种重要的氨基酸，这些氨基酸都是构成脑神经细胞的主要成分。坚果中对大脑神经细胞有益的维生素B1、B2、B6，维生素E及钙、磷、铁、锌等的含量也较高。也就是说，坚果能让你的大脑更具活力。

你可以在工位上常备一些杏仁、腰果、榛子、核桃、松子、板栗、白果（银杏）、开心果、夏威夷果等。此外，花生和南瓜子也是廉价又优质的坚果。

综上所述，我们在任务执行的过程中，可以试着先处理掉那些不喜欢却又必须做的事情，这能大大减少拖延发生的概率。

2. "不可能完成任务"只是被夸大了

大多数情况下，那些看起来根本不可能完成的任务或许只是因为你主观地把它夸张化了。不信你尝试一下，你会发现它其实并没有你想得那样困难。

情景再现

2016年4月的时候,一位69岁的美国奶奶级选手参加了美国佩勒姆站职业网球巡回资格赛,69岁的她赢得了资格赛首轮比赛,以2∶0获胜,终止了自己的巡回赛32场连败。这场比赛,这位奶奶打出了6∶0和6∶1的惊人比分。当时,在接受采访的时候,69岁的加尔·法尔肯博格说:"我6个月后将要满70岁,我希望继续打下去,并且要赢球。"

理论链接

直到今天,在ITF官网上老奶奶的参赛情况一目了然。果然如这位老奶奶所言,她不但继续参赛,而且比赛场次居然有12站之多。对这个年纪的老奶奶而言,这样的成绩足够让人敬佩了。要知道这位老奶奶在38岁时才刚刚开始职业生涯。

38岁才开始职业生涯,70岁都还在执著于体育理想,而年轻的你究竟有什么资格总是说自己不可能呢?平时你总是习惯于说:这件事感觉很难做,我还是明天再做吧;某某都完成不了,我怎么可能完成;反正大家都没完成,我也干脆不干了……

你一次又一次地拖延下去,你一次又一次地给自己找到诸多借口,你一次又一次地在脑海中不断夸大事情的困难程度,然而行动上却总是一步都没有迈出过,事情到底难不难其实你根本就不知道,或者你根本就知道事情并不难,但是却被猜想到的种种麻烦给提前逼退了。世界上哪有那么多"不可能的任务"?那些任务的困难性都只是被你习惯性地放大了而已,其原因无非就是你不想去做、你害怕去做、你拖延着不做。

拖延对抗术

面对这些问题,我们需要做的事情,首先就是要彻底转变对待"不可能的任务"的错误态度，然后学着掌握解决事情的方法，并且知道应该如何激起自己的精神动力。

坚信没有"不可能的任务"

世界上那些凡是被认为不可能的事，如今都变成了已经实现的现实。中国人民解放军修建一所高原机场，连几千米高的山峰都能削平；美国到英国的几千公里海底电缆都能铺设完成；就连月球，人类都已经留下了痕迹。对待那些"不可能的任务"，我们首先应该坚信一点：对我来说，根本没有"不可能"！有了坚定的信念才会有坚强的意志力。

把"不可能的任务"分开解读

有了信念，我们就要开始研究解决方法，如果你接到一项任务时，认为这项任务总体上过于困难，那么你就可以尝试把它分解开来逐步完成。

例如，任务是一月之内做完某某市区的全部药店的市场调查报告。乍一看，可能觉得这是一个艰巨的任务，但是如果仔细去分解这个庞大的任务，你就可以把任务时间分为四个星期，把市区分为四个区域，每个星期完成一个区域的调查，甚至你可以更加细分到一个星期的具体任务，如果你愿意继续细分，还可以细致到每天上午和下午要完成哪条街道哪些药店的调查，这样分解任务之后，你就会发现，如果每天按计划完成这些小小的任务，一个月之内完成全市区的调查报告并不是难事。

邀请同伴参与解决"不可能的任务"

有时候一个任务对于单个人来说独力难支，但是如果有众多的朋友一起来帮忙完成这件事，就会变得相当简单。人多力量大，而我们的社会就是在团队合作之中才会有进步。所以你需要学会邀请朋友帮助你完成任务。

不要害怕邀请朋友或同事协助你会付出什么代价,合理地请求朋友或同事帮助,反而会让你获得更加广泛的人际关系和更加稳固的友谊。因为人人都是渴望被人重视的,友情之间往往也需要通过互相协助的方式来加固加深。所以邀请同伴进行协助是一个非常聪明的选择。

学会任务对比,用自尊激励法获得动力

如果你由于畏惧某项任务的难度而长期拖延,那么不妨找找类似的任务案例,看看别人是如何处理的,从中借鉴一些更加科学有效的方法。理性学习然后激励自己:我又不比别人差劲,为什么别人可以完成,我这个简单多了的任务还会觉得"不可能完成"?这样一来,你会获得强大的精神动力,用自尊激励自己去完成任务不失为一个好方法。

这些方法如果能够融会贯通纳为己用,时日渐长之后相信所有"不可能的任务"都会因为你处事态度上的正确改变最终迎刃而解,所有"不可能的任务"都终究会转变为一个个可能的任务,我们便不会因为畏惧而拖延,也不会故意去夸大任务的困难程度,生活学习以及职场都不接受任何借口,我们需要做的,就是平心静气地去解决一个个"不可能的任务"。

3. 努力去尝试,失败并不危险

不要害怕尝试,更不要害怕尝试所带来的失败感,其实如果我们换一个幽默的角度去思考这个问题,可能就会得到一番不一样的心境：你本来就不成功，怕什么失败？这句话虽然从表面看是毒鸡汤，但是却比那些隔靴搔痒的鸡汤话要实用得多，让那些害怕失败的人一下就能豁然开朗，再也不必纠结于害怕失败的问题。本来就不成功，想干什么着手去干就行了，失败也不会损失什么。

情景再现

一个烈日炎炎的下午，一位饱受烈日暴晒之苦的人，汗流浃背地拎着两大盒领带，疲惫不堪地走在大街洋服店一带兜售。他已经辛苦地奔跑了一个下午，跑了十几家店铺，依旧毫无所获。

当他又走进一家洋服店时，那个洋服店的老板正在十分殷勤地做一位客人的生意。他不知道别人在做生意时，是不准他人打扰的，便拎着领带走进了店里。洋服店的老板像见到瘟神一样，恶狠狠地大声吼叫着把他赶了出去。他看到自己像要饭的乞丐一样遭人呵斥，被人驱赶，一时间百感交集的酸楚涌上心头。没有人来抚慰他，帮助他，他以最快的速度擦去不断夺眶而出的热泪。

但他没有半点退缩的余地，他独自舔着流血的伤口，重新展露出笑颜，继续走街串户，兜售领带。无论境况多么艰难，他也不曾放弃，正是这份面对事业锲而不舍的奋斗精神，使他终于成了一个赢家。他就是海内外知名的领带大王——香港"金利来"集团主席曾宪梓。

理论链接

社会学家调查发现，每一个成功的人身上都具有一种不怕失败、不屈不挠、顽强拼搏的精神，最艰难的时候不灰心丧气，并能不断地从失败中认真总结教训，迎难而上，化耻辱为动力，从而增加了成功的机会。

拖延对抗术

失败并不可怕，我们完全可以学会如何在行动中避免无意义的失败行为。

准备要充分，不打无准备的仗

努力去尝试一件事情，并不是指冲动无脑，仅凭自己的一腔热情就立马去行动，这样做的结果往往是竹篮打水一场空。你需要在决定做这件事情之前提前调查好关于这件事的基本概况。

应聘某个职位，结果你连这个职位所需要的基本工作能力，公司的主营业务是什么都没有调查清楚，仅仅凭着个人兴趣就把你的简历投了出去，那多半会石沉大海再无消息，即使某个粗心的 HR 让你侥幸通过第一关，那么在面试的时候你也只有被刷下来这一个结果，因为你都没有弄明白这家公司是干什么的，你和公司团队的价值观首先就谈不到一块儿去。

学会提前评估做一件事情的损益情况

做一件事之前，你的脑海中要形成一个损益报告，比方说，这件事如果成功你将会得到什么，会失去什么，如果失败又将得到什么，失去什么。不要把事情想得太天真，凡事必然有得失，学会评估损益，可以让你用良好的心态去面对结果。

比如，你终于有机会和一个有好感的姑娘单独约会，在欣喜的同时首先你得做个预算，你打算花费多少钱来完成这次约会，并达到最佳效果。如果你打心眼里喜欢这个姑娘，你大可选择一种浪漫但花钱多的方式来追求她，只要效果够好，虽然要损失大量钞票，不过追求成功的话这些损失也在你的承受范围之内。但是如果这次追求失败，你也要提前做好承受感情和经济双重打击的准备，绝对不能一次失败就一蹶不振，追姑娘和闯事业的过程都是曲折的，往往不会一次就获得成功，你需要做的就是总结教训，增长自己和她相处的经验，争取下次机会到来时不再失误，这就是损益评估的作用。

你需要及时总结失败的经验教训

如果你在实践的道路上遇到挫折跌倒了，你需要坚强地站起来，但绝不是莫名其妙地爬起来后又去跌倒，重复这个过程实在没有任何意义。每一次跌倒你都需要总结你跌倒的原因，认清跌倒的原因是为了减少之后再次跌倒的概率，长此以往，你就再也不会跌倒。

例如你做一道历史问答题，第一次做，人物贡献、历史朝代、历史事件一个都没答对，得了0分。但你知道错在哪了，这时候就明白该从哪里着手去记忆，下回遇到这道题，至少你是不可能再得0分了，因为你知道了错误在哪，并努力去纠正了，如果你再努力点去加深记忆，拿满分都是有可能的。

每个人在一生中都会面临各种挑战，各种机会，各种挫折，这时候你的抉择，你承受挫折的能力，将会决定你未来的命运。拒绝拖延，用行动来证明自己，不要害怕失败，失败是一种享受，是走向成功的阶梯，我们需要走在这些不断堆积的阶梯上，才能登上成功的顶峰。

4. 挑战更难的任务有助于成长

雨果说:"所谓活着的人,就是不断挑战的人,不断攀登命运险峰的人。"生而为人,不断挑战才是获得成长的必由之路,挑战更难的任务才能到达更高的平台,获得更有意义的人生。

情景再现

刚到公司的时候,李治作为新人,领导会选择性地给他安排一些相对简单的任务,在这些任务的处理过程中,李治表现得很优秀,他总能很快地领会到客户的要求,并能在极短的时间内给出让客户满意的方案。

领导见他能力挺强,就逐渐给他安排下一些更具有挑战性的工作,刚接到这些工作的时候李治仍旧会表现出极高的热情和积极性,但在任务的执行过程中遇到了棘手的问题时他就产生了拖延。他要么是上班后迟迟不开始工作,要么就是把那些有挑战性的工作往后推迟,总出现不能按时完成任务的现象。

后来,随着他对公司内部业务的了解,在分到一些有挑战性的任务时,他都会用各种理由拒绝,而去选择一些相对容易的任务。久而久之他的能力就定性了,只具备处理简易任务能力的李治不再被安排到一些有挑战的项目中去,渐渐地,他也失去了领导的重视。

理论链接

人都会在一些相对困难,更具有挑战性的任务面前产生拖延，这种拖延的本质是一种逃避，人在拖延时所逃避的是挑战性任务给人造成的压力，因为这种压力会让人感到焦虑和恐慌。但你在拖延中失去了从挑战任务中获得进步的机会，在下一次遇到具有同样难度，或者更具挑战性的任务时，能力没有提高的你会更加的焦虑和恐慌，你的拖延也会随之变得更加严重。

美国哈佛大学的教授威廉·詹姆斯曾提出：具有挑战性的任务能激发人的潜能。在遇到有挑战性的任务时，你应该主动出击，迎难而上。虽然在任务的执行过程中你会遇到种种波折，但你却处于一种不断进步的状态中。这是因为你在处理那些棘手的问题时，会不自觉地表现出高度的专注，也会在不知不觉中爆发出一些惊人的创造力。我们把这种现象称为"潜能激发"。

那些更具有挑战性的任务，还能直接强化任务执行者的行为动机。任务执行者在接到这种具有挑战性的任务时会产生一些压力，在这样的任务面前，执行者会表现出跃跃欲试，斗志昂扬的状态，这会强化他们任务执行的动机。而在经过强化的行为动机的推动下，拖延也就被避免了。

同所有任务一样，更具挑战性的任务在结束后也会产生一些正面的反馈，不同的是，这类任务给人带来的正面反馈要比普通任务更多，也更强烈。

完成了一项有挑战性的任务后，作为任务的执行者，在经历了一个充满波折，问题百出的任务执行过程后，你对任务本身的理解也会提升一个层次。任务执行过程中暴露出的问题往往就是你认知的盲区或者工作技能的短板所在。在实践中，你很好地弥补了认知的盲区，也提升了工作的技能。

完成任务后所产生的自豪感和成就感会增强你的自信心，

在下次面对类似的任务时，会让你更自信，也更有把握。这些正面的反馈来自于任务执行过程中自我价值的实现，这些会让你在下次执行任务时变得更主动，是治愈拖延症最好的"良药"。

现在很多任务的执行者都是某个团队，一个团队在完成一件更具挑战性的任务后，队员之间的团结度和团队的凝聚力会大大增强。作为团队中的一员，对团队的认可程度也会有所提高，这会让以后团队合作变得更加高效。在攻克任务执行过程中所遇到的困难时，队员之间也会形成一种互相竞争的氛围，处在这种氛围之中，能力和积极性都会得到提高。拖延、混日子的行为也就自然而然地消失不见了。

拖延对抗术

下面这些更具挑战性的任务能帮你突破自我：

结交新的朋友

孔子说："有朋自远方来，不亦乐乎？"新的朋友能给我们带来新的生活方式。就交新朋友本身而言，也是一件具有挑战性的事。每个人都有自己独特的个性，当我们与这些性格各异的新朋友交流时，自身的社交能力得到了一定的考验。

在与各色人等交谈时，保持交流的流畅性，更好地理解社交间的暗示信息，并熟练地应对复杂的社交情况，这些都是具有挑战性的事情。

主动接受更高标准的工作任务

工作上主动去挑战一些更高标准，更高要求的任务所能获得的回报是最为丰厚的。随着高标准任务的完成，你的能力也会得到很大的提升，这会直接反应在你的薪资收益上，并且，工作上表现出的高能力也能为你带来更广的发展空间。

可以主动向领导申请加入一些有挑战性的项目，也可以在你现有工作的基础上主动地去尝试一些难度更高的工作。比如，你是一名记者，现在你的任务就是采访一些市民，做一些简单的资讯新闻，在一段时间后你可以跟领导申请，挑战一下暗访或者专访。

学习一些新技能

新技能的学习往往意味着你要进入一个完全陌生的领域，在这个新的领域中，一切都需要从头开始，你不知道自己会有怎样的表现，这对任何人来说都是一种挑战。

如果你是理工科出身，你可以尝试着学一门艺术或者接触一下文学，如果你是文科出身，你可以学习一些机械原理、家用电器维修等等。总之，你新学的技能一定是你之前不曾掌握或者不曾了解的，这样才能达到"挑战"的目的。

人生中经历过的每一次挑战都能获得一定的提升，能力提升后的你在面对同样的事情时就不会再恐慌和逃避了，拖延也就不会再发生了。

5. 孤木不成林，找人合作解决难题

《易经》上有这么一句话："二人同心，其利断金。"在这个分工越来越精细化的时代，合作有时是解决难题最好的方法。

情景再现

那时候电视台打算开一档全新的节目,开会的时候领导只提出了节目的要求,但这档节目的具体形式、名称等关键信息一概没说。最后领导们经过讨论,决定把这档节目交给老摄像师会会。

任务接到手里后会会犯了难,符合领导要求的节目形式目前国内还没有,这意味着整档节目都得由他来策划,这对摄像师出身的他来说是个不小的挑战。那段时间会会每天都在琢磨节目的事,但琢磨来琢磨去也没琢磨出个好的方案,这档节目也就这样被拖着迟迟没有显著的进展。

后来领导找到会会,询问过工作进度之后,提议会会把几个有经验的摄像师叫到一起,成立个研究小组,互相商量商量。会会按照领导的指示成立了讨论小组,在小组一来二往的讨论中,节目的大概轮廓就出来了。

理论链接

我们在遇到一些超出自己能力范围的事情时会去"死磕",与事情"较劲",也与自身"较劲",我们不相信自己做不到,在这样的心理作用下,我们试图用更多的时间和精力来换取一些突破性的进展。但这些辛苦的付出大都是徒劳的,高额的付出并不能带来与之相对应的回报。在持续付出而不见回报的情况下,事情其实是处在拖延之中的,身处其中的我们也会受到影响,逐渐变得消极、拖延。

当事情的进展因个人能力的不足而受到限制时,最好的办法就是寻求合作伙伴,用团队合作来弥补个人能力的不足。

拥有几个好的合作伙伴,或者说拥有一个团队,最直接的好处就是能为你带来集思广益的效果。团队成员之间在遇到问题时思考的层面、方向都会表现出一定的差异,这些差异就代表着问题的不同方面,这样做既可以避免个人的考虑不周,也能寻求到一些新的突破口。这也是为什么头脑风暴那么流行的原因。

团队合作的过程其实也是一个互相学习的过程,也可以说团队就是一个很好的学习平台。在某一任务的执行过程中,各个团队成员所表现出的能力与优势是不同的。在彼此合作中,其他成员更高效的做事方式,更为精湛的职业技能,以及更为灵活的思路都将对你产生影响,在这样的影响之下,你的能力也会随之得到提升。除此之外,团队成员之间的心得交流在提升团队凝聚力的同时,也加深了你对事件本身的理解。

团队中,队员与队员之间并不只是单纯的合作关系,团队成员之间也存在着一定程度的竞争关系。同处一个团队,当你看到别人的表现更为突出时,会不自觉地就产生一股竞争的欲望。在竞争欲的刺激下你会用更多的时间,更高的专注度来让自己努力做到更优秀。不仅你是如此,团队成员人人如此,这就形成了一种良好的竞争氛围,在这种积极的竞争中,你会不由自主地变得更加积极主动,拖延也就不会再发生了。

对于那些常常因为自制力差而陷入拖延之中的人来说,处在团队之中还能感到被时刻督促。当一个团队正式形成,并开始围绕着某一特定任务开始运作,它就像一台机器,只要开始运作,作为机器零件的团队成员也将不得不及时开始工作,这样的整体运作是不允许任何一个零件出现拖延的,它会强迫你变得高效。

拖延对抗术

以上这些团队合作的正面效应需要的是一群好的合作伙伴，以下的这些方法能帮你寻找到一帮好的合作伙伴：

针对性地认识同一领域的人

如果你打算寻求几个合作伙伴，你需要提前认识一批与你的业务相关的人士，然后再选择性地把其中某几位发展成合作伙伴。

你可以通过参加行业交流会，参加各种沙龙活动，以及一些类似于微信群之类的线上群体活动来获取这方面的人脉储备。在这些线上或线下的团体中，你要主动地把自己的项目抛出来，这样才能吸引到一些有合作兴趣的人。你今后的合作伙伴很可能就是从这些人里走出来的。

去大学做宣讲会

大学生是一个有着很大潜力的团体，可以说他们的潜力表现在方方面面。但学生最主要优势还在于富有创意与活力。如果你想要寻求的恰巧是一个脑子灵活、执行力强的合作伙伴，你可以与当地的大学取得联系，争取在学校里举办一场宣讲会。

宣讲会上你除了要明确地把自己选人的标准告知学生外，你更需要用富有激情的演讲来激起同学们对你项目的兴趣。

申请加入别人的团队

获得好的合作伙伴不一定非要自己组建团队，还可以选择性地加入一些高效率的团队。在高效率的团队中，你会被团队的整体氛围所影响，不知不觉就杜绝了以前的拖延与懈怠，转而变为一个高效而直接的人。

加入一些高效的团队需要依靠朋友、同事的引荐。而一些线上的团队你可以通过QQ群搜索，关注一些相关的微信公众号等方式获得加入的渠道。

还是那句话："三个臭皮匠赛过诸葛亮。"与其在与自己的较劲中无限拖延，不如用合作来寻求突破，提高效率。

6. 当你按时完成工作时，给自己一个奖励

你有没有发现，很多时候逾期也会导致拖延。

情景再现

前段时间，领导把一个较为困难的方案交给了新来不久，但表现很突出的魏亮，并且叮嘱他："这个方案有一定难度，不要着急，一定要确保质量。"临走前还给魏亮定下了一个截止日期。

在做这个方案时，魏亮果然遇到了不少棘手的问题，他时不时地就得对方案进行大幅度的调整，这拉慢了工作的整体进度。随着时间的推移，魏亮发现按时完成任务已经不可能了，于是他在工作时也就不如当初那么专注了。

延期完成任务之后他的方案完全符合客户的要求，魏亮也因此而扬扬自得，他认为只要方案做得好，延期不延期并不重要。有了这样的心理后，之后他再接到类似的任务时就出现了拖延，工作迟迟不展开，工作时也不再像以前那样专注。久而

久之,他的拖延影响到了方案的质量,因而受到了领导的批评。

理论链接

我们在处理一些相对困难也更有挑战性的工作时很容易出现"不能按时完成"的情况,于是我们不断延长任务完成的时间。出现了这样的情况我们大都不会感到懊恼,因为我们会用工作的困难程度来为自己开脱,我们常说:"这么难,能完成就很不错了!"

但这样的心理会给我们下一次类似的工作带来很多不利的影响。在进行下一次类似的工作时,我们会参考上一次工作所耗费的时间来规划这一次的工作,也就是说我们会默许自己再一次地延长任务完成的期限。但这样的安排会让我们的内心产生出一种懈怠感,认为时间还很充足,拖延就这样产生了。

因此,无论任务是难还是易,按时完成都至关重要。

按时完成工作的背后其实也是你工作效率和工作能力的一种体现。不论任务是困难还是简单,领导把一项任务交到你手里,就是认为你已经具备了完成这件任务的能力。如果你能按时完成领导安排下的相对困难的任务,就相当于直接证明了自己的能力与工作效率。相反,如果你不能完成,或者不能按时完成,就只能说明你的能力还有欠缺。

而与你工作效率相对应的是你在工作时所表现出的专注程度和敬业程度。领导安排的任务截止日期并不是胡乱定下的,他会根据多年的工作经验再结合对你的了解,为你指定下一个相对合理的截止日期。如果你对工作足够专注,也足够敬业,完全可以在截止日期之内完成,但如果逾期完成,就只能说明你在工作中出现了懈怠。

因此，不管任务困难与否，都要按时完成，这能促使我们提高工作效率。一般来说，我们在工作时都会有一个目标，比如在特定时间内完成多少业绩。按时完成工作的人能够利用好时间，规划好自己工作的细节，优化工作内容，进而高效地完成目标。

这也是一种工作习惯的养成，这种良好的工作习惯是拖延症最大的克星。当你习惯了在接到任务之后，马上着手去办，并调动起自己所有的积极性，秩序井然地把事情处理好，拖延也就被彻底杜绝了。

而暗示完成任务后会有奖励，实际上就是一种积极反馈的实质化。这种实质化的积极反馈比任务完成后获得的成就感、荣誉感等精神层面的积极反馈更能调动起人的积极性。

拖延对抗术

以下的这些奖励方式能让你给自己的积极反馈更具效力。

给自己准备一份丰盛可口的晚餐

这样的奖励适合忙于工作，没有时间好好吃饭的上班族。你可以在按时完成工作之后早早离开公司，到超市逛一逛，挑选一些新鲜的食材，为自己做两个精致的小菜，如果家里有酒，吃饭时你可以倒上一杯酒，好好享受一下这种安逸舒缓，又满怀成就感的时刻。

买下那件很想要却舍不得买的衣服

物欲的满足能给人带来更为愉悦的感受，想要却舍不得买的衣服只是一个代表。想要却又舍不得买其实就是你物欲的要害,解决了这个要害,你将得到更多的正面反馈。这样的奖励通常对你来说是相对奢侈的,因此这样的奖励要用在那些按时完成或提前完成的一些重大的任务,最好这件任务能给你带来更多经济方面的收益。

请一个长假,去旅行

如果你按时完成的那个项目耗费掉了很多时间。在这段时间里,你为了避免逾期,牺牲掉很多休息的时间,那么完成任务之后你可以请一段时间的假。这样做,一来是为了让自己放松,二来也是给自己的一种积极反馈。

这种积极反馈的回报率很高,当这样高回报率的积极反馈成了一种习惯后,你在以后的重大项目中会因这些积极的反馈而更加高效,因为你知道,按时完成任务后有一段美好的时光在等着你。

不要忽视按时完成工作的重要性,也不要忽视奖励自己的重要性。一个能按时完成工作的人,是高效的员工,也是一个自律的个体,懂得奖励自己能让你避免拖延,确保持续性的高效和自律。

7. 有一种拖延是,你嫌麻烦不想开始

有人说:"你荒废的每个瞬间都是未来"。的确,我们总会因为一些事情过于"麻烦"而拖着迟迟不肯开始,却不知道美好的生活都是"麻烦"的,嫌麻烦而拖延让我们错过了很多美好的东西。

情景再现

李小冉到朋友家玩,一进门就被阳台上的植物吸引了,什么玫瑰、茉莉、桂花、杜鹃,花团锦簇的景象让整个屋子充满了生机,细闻一下,还能闻到淡淡的花香。朋友见她很喜欢这些花,就打算送她几样花苗,并把栽培的方式告诉了她。

李小冉欣然接受,朋友先给她剪了玫瑰和茉莉的花苗各一支,并告诉她玫瑰要天天浇水,两周要施肥一次,茉莉要放到阳光充足的地方,两天浇一次水也可以……李小冉细心地记下了这些栽培方式。当朋友打算再送她一些花苗的时候,李小冉说:"够了够了,我这人嫌麻烦,这两样已经足够我忙活了,再多我也收拾不过来。"

李小冉带着花苗回家后已经不早了,她一想到还要买花盆、花肥就一阵厌烦,索性便找了个里面有水的瓶子,就把花苗随便放了进去。第二天下班回家,见花苗还活着,就盘算着先让花苗这样活着,到了周末的时候再去收拾它。

到了周末,李小冉再去看这些花苗时,发现全都死了。

理论链接

就像阳台上的花团锦簇,生活中大部分美好的事物都是"麻烦"的,当你因为嫌麻烦而拖着迟迟不开始的时候,生活就在拖延中一步步地走向粗糙,失去了拥有精致生活的机会。

每个人或多或少都有点怕麻烦,甚至可以说正是因为人类有怕麻烦的特性,才有了今天各式各样先进的设备和工具。你看身边,电梯是因为嫌爬楼梯麻烦而发明的,声控开关是嫌开关灯麻烦而发明的等等,但因嫌麻烦而拖延却不是一件好事。

至于怕麻烦而拖延的坏处究竟在哪？需要用经济学的知识来解释。经济学认为，人的行为倾向于在有限制的条件下做出尽可能达到更高效用的选择。通俗点来说就是，人都喜欢做那些低付出而多回报的事情。而"麻烦的事情"恰巧与人的这个天性相违背。举个例子，我们常常会纠结究竟是叫外卖还是自己做饭，这两者之间，通常会选择叫外卖。这就是因为叫外卖虽然要比做饭成本高一点，但点外卖的过程要比做一顿饭的过程容易得多，并且，外卖菜品的口味也要明显高于我们自己做的。比较之下，很多人会选择叫外卖。

在这种心理主导之下，我们会把遇到的一些"麻烦事情"尽量往后拖，拖延"麻烦事情"空出来的这段时间我们会选择一些高回报的事情。

我们在这个通过拖延低回报任务来获得高回报任务的过程中，还考虑到了一个时间的因素，经济学上把这种现象叫做"时间决定论"。在我们拖延的那些麻烦任务中，大部分并不是因为它本身的回报低，而是因为它获得回报的周期比较长。较长的回报期也容易让我们把麻烦任务的一些优势给忽略掉。而那些不麻烦的任务则正好相反，它们获得回报的周期短，也更容易给我们带来较为强烈的回报感。

还是拿做饭和叫外卖来对比，做饭最大的优势是能吃到健康的食物，这有利于我们的身体长期保持健康。但这样的好处并不能很快显现出来，而叫外卖获得的省时省力以及更好的味觉体验则会立马显现。因此，我们在纠结做饭还是叫外卖时常常会因为嫌做饭过于麻烦而迟迟不开始，最终仍旧会叫一份外卖。

拖延对抗术

因嫌麻烦而拖延虽然能获得短期的安逸和舒适,但长期下去它所导致的劣势会一步步显露。下面的这些方法能帮你克服嫌烦而拖延的陋习,让你拥有一个精致的生活:

缩减任务的执行步骤

把复杂的任务精简化,让它变得不再复杂,就可以直接避免因嫌麻烦而导致的拖延。

拿跑步来说,很多人会因为跑步之前找运动服、换运动服、找运动鞋、换运动鞋、跑完后洗澡等一系列繁琐的准备工作而拖着,迟迟不肯行动,这一拖,跑步的计划就会被搁浅。针对这样的情况,你可以预先就把运动装备准备出来,下班后回到家直接换好装备出去跑步。

这种减少执行步骤的方法能让整个任务的执行过程变得更为直接,进而避免嫌麻烦而拖延。

提前 10 分钟开始

我们在"嫌麻烦"时,不仅仅是因为任务的执行步骤繁琐,还会因为时间不够充足而选择拖延。针对这种心理,你完全可以通过提前 10 分钟开始来增加这项任务的执行时间,让复杂的任务有更多的时间去执行。

比如,周末你嫌自己做饭麻烦,很大程度上是因为眼看着午饭时间就要到了,但自己还没有买菜,而买菜、洗菜到切菜再到做菜需要将近一个小时的时间。这时,你可以通过提前 10 分钟开始执行任务,来避免这种因时间不够而导致的拖延。

让繁琐的过程变成一种享受

我们之所以会嫌一些事情麻烦,是因为把这件事情的准备工作或执行过程与事件获得的结果分开来看。我们认为前者是折磨，后者是享受。但当我们把事情的执行过程或准备工作当成一种享受时，嫌麻烦而导致的拖延就可以避免掉。

我们可以通过使用更好的工具（如工作中使用手感好的键盘、鼠标、耳机等），装扮任务执行的环境，边做任务边听音乐来提升任务执行过程的体验感，让整个过程都变为一种享受。

"麻烦"才是生活的特质，美好的生活大多是"麻烦"换来的，其实有的时候"麻烦"也未尝不是好事，繁琐的过程也可以是一种快乐的享受。

8. 想做的事情太多，不知道从哪里开始

在生活和工作中常会同时面对多项不同的任务，但我们不是手机和电脑，可以进行多任务处理，这时候，我们很容易因为不知应该从哪里入手而陷入停滞，停滞又将转化成拖延。

情景再现

小安平时的工作很忙，对她来说，一周里最珍贵的时间就是两天的周末。一到周五晚上，她就开始规划周末怎么度过，累了一周的她想在这两天好好放松一下。通常情况下，她都会把周六的上午用来睡觉，下午处理家务，傍晚出去和朋友疯玩。

但这样的任务安排到了实际中却总是执行不下去。周六当天她快到中午才醒来，想好好给自己做一顿午饭，又想把一周没收拾的屋子好好打扫一下，洗衣机里还堆着一大堆要洗的衣

服，鞋柜里还有两三双鞋要洗……

一下子面对这么一大堆事情，小安慌了手脚，不知该从哪里入手。又想到约了朋友6点碰面，她又产生了紧迫感。她不知道应该先把衣服扔进洗衣机还是先去买菜做饭？堆满各种物品的屋子也不知道该从哪里开始收拾？

小安越想越烦，最后索性叫了一份外卖，躺在床上玩起了手机。等到傍晚的时候，这一大堆事情她一件也没做就出门疯玩去了，当天的任务只能拖到周日去解决。

理论链接

在同时面对许多项不同的任务时，我们很想让自己的大脑像手机一样，可以同时进行多任务处理。殊不知，大脑实质上就是一个多任务处理系统，我们在说话的时候还可以呼吸、思考、看其他东西，这就是很好的证明。

我们在说自己的大脑不能同时进行多任务处理时，其实指的是人脑注意力调控方面的特征，也就是处理复杂认知任务的特征。通俗来讲就是我们的大脑不能把注意力同时集中到多项不同的复杂任务上去。

我们大脑的注意力就像相机聚焦后形成的焦点，当我们同时面对多项复杂的任务时，我们的大脑就出现了焦点不知该聚集到哪个任务上的情况。这时，我们的大脑也如相机一般出现了"虚焦"。我们都知道，虚焦后拍出来的照片会是一片模糊，同样的道理，我们的大脑在发生了"虚焦"之后，也会构建不出清晰的任务执行流程。

在大脑一片模糊，没有清晰的任务执行流程时，我们就会焦虑、恐慌，丢失任务执行的方向感。这种现象会导致我们在行动中出现盲目、迟缓、停滞，拖延就这样形成了。

如果细心一点你会发现，我们大脑注意力的"虚焦"并非是一种静止的状态，它其实是一种注意力在不同任务之间迅速转移、聚焦、再转移、再聚焦的运动状态。在大脑注意力每一次的转移、聚焦时还会产生一个短暂的构建执行流程的行为，但大脑发生的每一次转移、聚焦以及构建任务执行流程都会消耗掉一部分脑力，这样的现象重复多次之后，我们的脑力就会出现不足的情况。脑力不足也是导致拖延产生的一大原因。

在同时面对多项复杂的任务时，我们很容易因为任务的复杂程度而产生一些抵触情绪，而这一大堆任务必然需要花费大量的时间来执行，这样一来，大多数人就会产生"反正要做很久，也不在乎这一会"的想法，拖延也在这种情形之下发生了。

拖延对抗术

既然我们在面对多项复杂任务时不能做到同时执行，那么这里就又涉及到了一个任务排序方法的问题，下面的这些方法能让你在多项复杂任务面前表现得游刃有余：

用时间管理四象限法则将任务分类

著名的时间管理四象限法则从任务的紧急程度和重要程度两个维度，把任务分成了四大类：紧急又重要、紧急不重要、重要不紧急、不重要也不紧急。

在这四类任务中，应该先做的无疑是紧急又重要的事情和紧急但不重要的事情。这种方法不仅告诉了你任务执行的先后顺序，还让你知道了应该把主要精力放在重要紧急的事情之上，一举两得。

制定一个任务执行日志

如果你同时面对多项复杂任务的情况是工作或生活中的一种常态，而你所面对的任务也大都是相同的，你可以给自己制定一个任务执行日志。

根据平时的工作习惯和工作经验，你可以把这些不同的任务安排到合适的时间段去执行，并在每项任务的后面列出具体的执行时间节点。

要注意的是，在这个任务执行日志中一定要留出一段空余时间来应付一些突发事件。当突发事件来临时，预留出的空余时间可以让你在任务安排的调整中做到井然有序。

用"拒绝"和"授权"来给自己减负

通常情况下，在我们面对的多项复杂任务中，总有那么几项是附加到我们身上的，它们要么来自朋友的求助，要么来自领导的安排，要么来自同事之间的任务分配。这些额外附加的任务会加剧我们的拖延。

针对这种情况，我们在接受这些复杂任务之前就应该对自己的时间和精力进行一番评估，如果自己的时间和精力都不足以应付这些附加任务，那么可以把这些任务拒绝掉或者分给其他同事去做。

大脑"虚焦"之后，我们在行动上就会产生拖延，所以，确保大脑始终都能准确"聚焦"是避免拖延的一大关键。

第六章

你需要的不是完美，是完成！

1. 计划那么完美，你倒是开始行动啊

也许你不愿承认，但事实就是如此：在不断完善计划的时候你也有拖延的心态。正如威·赫兹里特说："伟大的思想只有付诸行动才能成为壮举。"计划再完美如果不能实施也是一种浪费，有的时候漏洞百出的行动要胜过一个完美的计划。

情景再现

张扬是一个很懂得规划的职场人，他一向都目标明确，计划合理。可惜，工作3年了，如今他还是一个小职员，合理的计划貌似并没有给他带来多大改变。从大学时候起，张扬就是个能说会道的人，学校答辩赛还得过冠军，不过这也并没有给张扬的职场生活带来什么优势。

张扬计划过很多事情：计划去西藏的旅行，什么都准备好了，结果因为看了一下论坛里的评价，就改变了计划；攻读专业证书，结果朋友一个电话过来，整晚就泡在酒吧了；计划和女友去日本旅游，结果因为花钱太狠，一年也没存下游玩的钱来；计划过年回家陪陪爸妈，结果回去几乎整天都是在和朋友瞎混……

时间长了，张扬连一个计划也没有实现过，他也就再也不

相信计划了。他如今觉得，计划是赶不上变化的，做计划简直就是浪费时间。

理论链接

计划从来都不是一件浪费时间的事情，合理的计划是非常必要的存在，但是计划必须付诸于实践，只有实践才能引导我们获得成功，世界上并不存在计划赶不上变化这回事，只不过是因为人的惰性使人的行为偏离了最初的计划。

我们身边可能经常有这种人：他的生活看起来很忙碌，他从网上下载了新浪网的公开课，以及优酷上那些颇受好评的演讲视频，隔三岔五就去书店搜刮有关考研的资料，就连单词书也买了好几本。于是他开始计划，计划每天背一百个单词，每天看一个公开课，每周看一个演讲，为此他做好了万全的准备。然而等到要实施计划的时候，突然他朋友来了个电话，于是他修改了计划跟朋友出去吃饭，没过多少天，他又因为一些事情打乱了自己的计划，于是把那天的任务挪到了第二天。

可以看出，不强制执行的计划只是在害自己，它使我们认为自己已经有实际行动了。它会让我们觉得能静心列下计划的自己，已经比很多人接近了成功。其实不然，列下计划而没有实施的我们，只是一个伪理想主义者而已。

在通常情况下，那些光说不练的人很可能并不是因为他在有意识地拖延，只是受到了一些外部的干扰。我们常常信心满满地要去完成一件事情，但是突然之间就会发生不能预料的事情，一个紧急电话，一份紧急邮件所传达的内容就可以让我们瞬间放弃上一秒正在计划的事情，而不得不转身去完成突然出现的紧急事件，一旦这件事情持续时间较长，可能就会完全把刚计划完的事情忘在脑后。

有时候我们做好了计划，但是往往都卡在了第一步，没有勇气去开始，甚至在心中无限放大第一步的恐惧感，但实际绝大多数事情上并没有那么夸张，而且往往还是很简单的事情，只需要勇敢跨出第一步，很快就会发现事情并没有我们想象的那么难。

对待任务本身不够专注，也会导致拖延的产生。我们经常发现，一件才刚刚开始着手做的事情，没多久就可能提不起任何兴趣了，于是急忙换一个目标去实现，等到如愿换了一个目标之后，又是干几天就没劲了。这样三心二意是根本无法去完成一个任务的。

光说不练，都是假把式，我们还是应该脚踏实地去行动，去完成每一个属于自己的任务。

拖延对抗术

计划的最终目的还是要通过行动来达成，行动是我们检验计划可靠性的唯一标准，也是得到好结果的唯一方式。

起床先穿鞋

一日之计在于晨，每天早上起床后，我们不需要那么多千奇百怪的想法，唯一需要做的一件事情，就是立刻下床穿好鞋子，一分钟也不要赖床。躺在床上的思考不会对我们今天的生活提供一丁点儿帮助，只会增长惰性，让我们更加不想起床。所以，起床后立刻穿好鞋子下床，就是养成"真把式"作风的一个良好习惯。

不做隔夜事

所谓隔夜事,就是指昨天没有完成的任务又累加到今天来完成,从而造成对今天计划中的额外负担,我们做事情必须今日事今日毕,如果实在做不完自己定下的任务,那么就要考虑减少计划中给自己的任务分量,以达到自己能够保持平衡的水准。

学会顺应变化

很多事情在做的时候都会与计划的内容产生偏差。乍一看,这好像就是所谓的"计划赶不上变化",然而认真观察后就会发现,实际上,这种微小的变化并不会让我们在总体计划上产生偏离。我们需要学会的是,认清一个大方向,不要太过于在乎小细节,"鞋带散了"这种小事实在是不能成为"我不能远行了"的借口。

只有认清了行动的重要性,养成了良好的习惯,才能够从容地实行自己的计划,否则就只能是雷声大雨点小的空谈而已。

2. 从来没有万事俱备的时候

在一件事情开始之前,你总在等待一个"万事俱备"的状态,你认为只有这样才能确保成功,但等来等去就陷入了拖延,这是因为所谓的"万事俱备"不过是一个美丽的谎言。

情景再现

余松龄和邓亚丹是两名游泳运动员,余松龄经常参加各种比赛，长期处于疲劳状态，而邓亚丹刚进入市游泳队时间不长，心理压力小，训练时间短，年纪也比较小，好胜心强，体力上比余松龄要更强一些，她对于余松龄的参赛资格很不满意，认为自己随时可以超过她。

一次余松龄刚参加完比赛回来，邓亚丹趁周围没人，就婉转地提出想和她比一比的建议，她觉得余松龄刚比赛回来，体力上一定更差，自己平时就很有信心，无论她是不是拒绝，心理上都要胜过一筹。不过意外的是，余松龄一口就答应了她的挑战，并且很快就准备好了，没有用任何理由来推脱这次比赛，邓亚丹反倒是紧张了起来。

结果，200米的比赛成绩出来了，邓亚丹输了，事后邓亚丹才从教练那里知道余松龄不仅疲劳，而且腿上还有伤没有恢复。教练说，当初把参赛资格交给余松龄就是因为她有一种明知不可为而为之的坚强毅力，从来都不会抱怨任何突发状况的发生。

理论链接

世界上根本就没有完美的事情，世界上也不存在能让人长期保持兴奋的工作。可我们要想做好自己的工作，就必须接受这种平淡，并且从中享受它带给我们的乐趣。任何工作都不在于它本身的性质，而是取决于我们对它的态度。

日常工作中，我们常常会遇到这样的人。他们正准备进行某项工作，可过了很久也没有任何行动，问他们在干什么，他们会告诉说："我还没有准备好呢！"乍听之下好像是一种积极的回答，实质上却是拖延的借口。准备是必要的，但必须明白

"没有万事俱备的时候"。

听起来,"万事俱备"似乎可以降低出错率,但可怕的是,它会让我们彻底失去成功的机会。如果希望"万事俱备"后再行动,我们的工作也许永远不会"开始"。世界上根本没有绝对完美的事。"万事俱备"只不过是"永远不可能做到"的代名词。

所以说,无论我们从事的是什么行业,当老板分配给我们某项工作后,理清工作流程后,当机立断开始行动,只有这样,才能尽快完成任务。

"完美主义"往往是行动的"毒药",完美主义思想产生的根源可能是幼儿式的两分思维导致的。具有这种思维模式的人认为,事情只分为对或错、好或坏、失败或成功。换句话说,在他们的眼中"要么全有,要么全无"。

心理学家阿瑟·帕科特的解释更为形象,他指出:"对于完美主义者来说,连续统一体上只有两极,他们无法意识到还有一个中间地带。在这种思维模式下,完美主义者对失败有强烈的抵触情绪。他们认为自己如果做不到最好,那就是最差的;如果自己无法做到完美无瑕,那就一定是一无是处的。

追求优越感所带来的虚荣心最容易让人上瘾。一旦这种"只有做到完美,我才能接受自己;只有比别人做得更出色,我才能肯定自己;只有一直寻找优越感,才能幸福"的观点深入骨髓之后,这些人就会竭尽全力在他人面前呈现出一个完美的自己。如果他们做的事情条件不够完美,那么他们就会被这种虚荣感左右,决定不去做这件事情,除非去做这件事情的完美条件存在了,他们才会去行动。

有的时候来自外部的压力也会让人陷入"完美主义"拖延的陷阱。很多人并非天生的完美主义者,很多时候,是外在的一些因素促成了他们的个性转变,尤其是来自工作中的压力。一个人在工作中遭遇了一个追求完美的挑剔上司,那么他很快就会感到上司所施加的各种压力,而这种压力在很多时候会让他很痛苦。为了避免被挑剔、被指责,减轻自己的痛苦,他们就会强迫自己挑剔工作,认为条件完美的立刻接受,认为执行条件不完美的就以各种借口拖延下去。

人生从来没有万事俱备的时候,在我们酝酿梦想时没有立即行动,就可能失去一次成功的机会。执行力强、果决干练的人往往是领导心中的一块"宝"。因为凡事行动优先的人,老板在布置工作之余,也无需再辛苦地鞭策督促。

拖延对抗术

对抗这些无谓的"完美主义病态",需要用良好的方法来改变,良好的方法可以让我们彻底摆脱完美主义心理的困扰:

摆脱取悦别人的魔咒

我们的工作不是为了别人,不是为了拍谁的马屁,那只是我们分内的事情,是对自己内心的责任感,去完成一件事情,从来都不是为了被别人围观和表扬,我们每个人的能力都有一个极限,不可能面面俱到,即使再认真的事情也难免会出现一些偏差,对此我们需要接受自己的缺点换一种心态来对待问题。

学会装糊涂

郑板桥曾写下四个大字:"难得糊涂",直到今天,这话也让我们倍感受用，尤其是对于那些喜爱挑剔，有强迫症的人来说。世界上没有那么多完美的事情，如果处处要求完美，可能就没有办法爱上任何事情。很多东西都是有缺陷的，只有包容这些缺陷，适当装装"糊涂"，才能顺利接纳，之后我们可以在长期的接触中修复这些缺陷。而不是处处要求完美，让一些事情不断地拖延下去。

完美主义并不是解决问题的好办法，因为人生之路到处充满挫折与失败，但也不必畏惧，每一次的失败都伴随着种下成功的种子。只要你勇于面对一切，经得起人生的考验，必会得到丰厚的报酬。

3. 如果你一直等待灵感来敲门，作品将少得可怜

不少创作者都有这样的感受：灵感是等不来的，它只会在创作中逐渐显露。正如英国著名小说家毛姆所说："世上有的人要等到灵感来访才开始写作，那样就无法成为专业作家。要是枯等灵感来访，那么永远也写不成小说。既然从事写作，每天坚持不懈地写就至为重要。"

情景再现

邓嘉是美术学院的一名学生，他的毕业任务就是交出一幅能够打动人心的画作，但他一直觉得没有灵感画画，因为离毕业还有三个月时间，他便拖延了下去。他平时和寝室的同学玩游戏比较疯狂，长期迟眠晏起。就这样，一眨眼两个月过去了，

邓嘉玩得天昏地暗，至于画画则是完全被搁在了脑后。

最后一个月的时候他父母过来询问了一次他的情况，他在谈话中才想起来毕业作品竟然还没有完成，不过好在还有一个月时间，也没有太在意。送走了父母，邓嘉就又开始了堕落的日子，然而游戏并不能给他任何灵感，到最后两天的时候，邓嘉终于开始着急了，不过他依然没有灵感。没有生活的观察，没有专业的学习，没有勤奋的练笔，这对于一个不是天才的美术生来说，根本不可能随手画出一幅佳作。

最后邓嘉只好随手画了一幅画交上去，不过第二天就被教授给退了回来，贪玩的他最后迫于无奈只好留校了一年才毕业。

理论链接

灵感从来都不会主动来找我们，让我们抓住它，它看似突然可以闪现，实则源于我们平时学术知识的积累，当知识积累到一定程度的时候，遇到某一个契机灵感就会出现。而懒人，通常是不会有灵感出现的，因为他们没有最必要的积累过程。

妄图在无聊之中寻找灵感，简直就像水中捞月，风中捉影一样，灵感是需要我们主动去寻找的东西，而寻找灵感最好的东西一是行动，二就是学习。

等待灵感，只会让我们失去更多的机会，导致我们把该做的事情一拖再拖下去。等待灵感只是自我安慰的借口，没有灵感不能成为拖延的理由，这句话在更多的时候只是懒惰和拖延欲的伴生品。

而那些号称找不到灵感的人，很有可能是因为他对自己专业的研究还不够深入。为什么很少听到某些科学家说找不到灵感这类的事情？因为他们对自己所做的事情有非常深入的了解，而且我们平时的工作往往都是应付了事，一般都没有对任务有一个非常深入的了解。只有认真研究过，对事情本身有一个详细的了解，灵感才会出现。

广博的见识也是灵感的重要来源。灵感的获得，除了个人的专业学习以外，剩下的就是依靠从各个渠道获得的知识，如果一个人的知识获取方式过于狭隘，那么最终知识的汇入量会变得越来越小，最后导致灵感的丧失；只有扩大知识面，不断学以致用，保持终生学习的态度才可能获得源源不断的灵感。

普遍来说，灵感的获得必须手脑并用，人类祖先区别于动物的进化过程就是双手劳动，劳动才能够发掘出智慧，智慧就是灵感的来源。而过于懒惰的人，既不会读万卷书，更不会行万里路，那么就不可能下笔如有神，也不存在见多识广，懒惰断绝了灵感的来源方式，而这些人自然也就只能以"等待灵感"作为自我安慰的借口。

除了不愿意动手，他们也可能是不愿意动脑的人，这些人通常期望做那些一成不变的简单任务，最好不用过度思考和理解。这样的人，一旦遇上需要随机应变的复杂事情，很快就会没了"灵感"，其实并不是没有灵感，而是他们习惯了没脑子的日子，不愿意将这个惯例打破。

生搬硬套、照猫画虎永远都无法找到灵感。灵感是需要我们付出行动寻找的东西，它绝对不会在我们懒惰，或者没有付出任何行动的时候突然光临。

拖延对抗术

解决没有灵感的问题很简单,只需要我们用心去发掘灵感,去寻找灵感的来源就可以做到,而灵感往往可以通过这些实用的途径来获得:

学会走进图书馆

灵感最好的来源莫过于阅览与学习,一座图书馆中所包含的知识足以让我们的脑洞大开。行走在图书馆高大的书架过道之间本身就是一种独特的体验。其中安静的求学氛围也能够给我们带来良好的心灵体验。

在和朋友的约会中倾听

在我们完全没有头绪的时候,不妨约着朋友出来吃点东西聊聊天,不需要涉及到自己工作的方面,只需要说说日常生活。把话题交给朋友来把控,让自己做一个良好的倾听者。或许我们能从朋友述说的故事中找到灵感。

享受咖啡和阳光

如果我们在休息日的时候还在为工作灵感而苦恼,这时候可能是过度的焦虑影响了思考的能力,这时需要放下手头的工作,冲一杯咖啡,坐在阳台上享受一下阳光的温暖,试着放慢生活的步骤,在身体感觉舒适的时候,大脑的思考能力也会相应提高。

灵感的获得方式很多,如果我们感到疲劳,甚至可以暂时放下一切去睡一会儿。劳逸结合,学以致用就是获得灵感,提高工作效率的最好办法。

4. 把对自己的期望值调低一点

也许你从未想过,自命不凡也会让你陷入拖延。

情景再现

王辉本是一位很有抱负的青年,毕业后选择了北漂,决定在北京闯出一番事业,然而事实总是给予他过大的打击。王辉个人本身的学历水平有限,而且不是重点大学毕业,光是这点就绊住了他的手脚。

王辉曾经投递过的国企基本全都音信全无,而实力强大的民企,他又竞争不过其他应聘者,普通的小企业他又看不上眼。但他认定自己是个有能力的人,只不过是怀才不遇。来北京半年,他不停找工作,又不断被拒,靠着父母的接济勉强度日,最后他实在是坚持不下去了,还是选择了回老家。

回老家后在父母劝说下,王辉考上了公务员,在老家踏实地干着扶贫工作,由于良好的工作态度,王辉收到了众多老乡的感谢信,也一再受到上级的表扬,而他觉得现在干的事情才是真正符合他人生价值的事情。

理论链接

像王辉这样对自己期望过高的年轻人不在少数,我们都曾编织过自己辉煌的人生梦想,然而绝大部分人,都没有正确评估自己的真实水平,同时也缺乏自觉的行动力,而这种过高的期望和过低的执行力导致的矛盾，往往会在面对现实的时候带给我们不小的痛苦。

世界上没有任何事情可以一蹴而就，那些伟大的理想也曾在迷茫中摸索方向。如果我们的梦想是做一名文学家，那么从小就必须积累丰富的文学素材，并且在学习中融会贯通，并纳为己用。没有任何积累的人，很难写出惊世骇俗之作，哪怕是天才也都是基于基础知识之上来进行创作的。

对自己错误的预估和过高的期望最终只会让我们在面对现实时变得更加消极，在经历过挫折后，我们会变得意志消沉。过高的期望会让我们的生活变得很累。即使挑战，也得考虑自身实际情况。如果事情远远超出我们的能力范围，依旧要选择挑战，那么无异于以卵击石、浪费时间。

对自己期望过高的人，通常情况下都很自负。所谓自负，就是源于过度的自信或者自大。自大的人，期望超过能力却依旧不知反省，这样的人看不清自己的实力，也无法看清事情的困难程度，天真地相信只要用嘴和所谓的意志就可以完成任务，而当真正到事情来临的时候就会发现，并没有自己想象中这么简单，可是反悔又来不及了，只好把苦水往肚子里咽。

这样的性格很可能是家庭环境导致的。有些人，本身其实明知道自己无法完成一些任务，可是还是选择接受，他们很有可能从小就处在一种被动高压式的家庭环境下，从小被父母灌输"你能行"的思想，被父母拿来和其他的孩子对比。久而久之就养成了"落后就等于丢脸"的习惯性思维。其实人与人的智商之间并没有多大的差距，天才仅仅只是凤毛麟角而已，普通人背负过重的负担只会让人生和心理变得畸形和扭曲。

自命不凡的人大多数还是思维不成熟的人。这类人是基数最多的一群人，多存在于刚出社会的青年人之中，他们没有社会经验，凡事总是习惯性地往好的地方想，而总是忽略了其中可能存在的种种问题，一旦期望和现实的差距过大，他们就会感到沮丧，承受不住预料之外的打击。

我们需要有梦想，但必须是经过周密计划，确认通过努力可以实现的梦想，不然只能叫空想。把自己的梦想降低一点，脚踏实地，一步一个脚印地去完成每一个步骤才是正确的做法。

拖延对抗术

在更多的情况下，我们并不需要放低自己的期望，只需要把自己的期望分解，变成一个个可以实现的小目标来实现。

学会合理的数据分析

在大部分情况下，一个目标的实现过程，都可以用具体的数据进行基本分析。假如我们选择背完一本初级英语词典，我们首先需要明白上面有多少单词，然后根据数量分配每天要背下的数量。

同样，考一门专业证书，我们也得知道总共有几本书，一本书有多少章节，每天最少需要完成的量是多少，这样合理计划我们才能保证在最后能够完成任务，如果一点数据分析都没有，就光嘴上说几句，这样的期望再高，最后也只会是白日做梦而已。

学会判断目标的合理性

实现理想的前提是，理想首先要是合理的，可以实现的。

如果我们想去实现一个从一开始就根本不可能实现的理想，未免太不切实际，所以在定下目标之前就要确定目标的合理性。例如，我们现在月工资2500块，一年内若要靠工资买一辆法拉利，这就是不现实的愿望，这叫期望过高，起步太低。但如果我月工资2500块，一年内我决定花3000块考完驾照，这就是可实现的愿望，是合理的，因为这通过努力就可以达成。

虽然高期望会让我们更有动力，但若是完成不了，也会给我们带来更大的失落感，所以如果我们把注意力集中在目前可以完成的事情上，那么便可以在职业之路上走得更稳健，更长远。

5. 完成比完美更重要

所谓的完美只是一个理想的状态，这是人力所无法达到的。如果你不断苛求完美，就很可能在不断苛求中陷入拖延，最终导致任务没有完成。对于大多数任务而言，完成要比完美更重要。

情景再现

袁何是一名新媒体编辑，对自己编辑的文章一直都非常负责任，不过他编辑文章的效率一直都很慢，而且常常需要拖延很长的时间才能发表。这让他非常困扰，上级领导对他的出文效率也很疑惑。

直到有一天，领导观摩了袁何整个的编辑过程才发现问题，在整个过程中，袁何由于对文字的敏感度较高，总是迟迟不愿下笔，或者下笔后又反复更改，咬文嚼字，让效率变得十分低下，一直到快下班的时候才能够完成一到两篇微信文章，而且都来不及检查。

于是领导提出了一个意见，让袁何先一气呵成地把文写完，最后再在整体上进行修改，袁何采用这种方法后，原来一下午只能出一到两篇文章，现在竟然可以发表四到五篇了。

理论链接

在我们日常的工作和生活中，事情的完成度有时远比完美度重要。我们平时的工作无论做得再漂亮，只要在最后期限里无法交付，那都会被人当作无能的表现，大部分领导都很难接受"因为我要保证质量，所以暂时无法完工"的理由。

人们总说"十年磨一剑"，但大部分人却在磨了十几二十年的剑后，最终发现把剑给磨残了，最后失去了做这件事情的意义。在生活中，无论任何事物都有一个最后的有效期限，食品有保质期、工作有交付期，只有在规定的时间做规定的事情才能称之为有效，食物过期了就不能再吃了，工作在最后时间没有上交就只能视为没有完成。我们没有吃午饭，一直拖到下午五点才吃，那这也就不能叫午饭。

完美本是一个中性的词，追求完美从某种意义上来说是一件好事，至少这代表着有一个认真的态度，但是我们不应该让所谓的"追求完美"成为生活和工作中的阻碍。

完美主义者大都是拖延症的重度患者。追求完美的那群人，总是喜欢吹毛求疵，在没有完成整个工作的情况下，这种病态的挑剔就已经表现出来，而所带来的往往也只有效率上的低下，最后往往在匆忙中完成整个任务后就急忙上交，连检查修改的时间都没有。

其实，追求完美本就是一件浪费时间的事情。追求完美的人多半都有点强迫症，这种症状会导致我们进行一些无效的行动，例如，发一封邮件出去后，我们会因为强迫症反复地确认到底是否已经发出了，这样的无效确认甚至会进行四到五次。有的人甚至会因为怀疑出门时候门有没有锁好，在上班的中途又跑回家去确认一次。这种种行为，都是完美主义携带的强迫症造成的。

完美主义很容易让我们钻牛角尖，如果将注意力集中在那些无关紧要的小事之中，很容易就会迷失主要的方向。例如，执著于挑剔工作中的一些小毛病，却认不清工作整体上的大趋势，那么最后可能做出一番很精美但是全无用处的工作报告来，追求完美主义很容易导致整体判断力的丧失。

过分追求完美主义必然会降低工作效率，带来不必要的影响，我们应当在完成整体事情之后，再去适当修饰细节，斟酌着进行修改，但是千万不要因为吹毛求疵的习惯而影响工作效率。

拖延对抗术

完成和完美，我们应该分清楚，完成主要是针对于事情的整体性，而追求完美则更加关注细节的方面，分清楚两者的关系才能够保证工作的效率。

学会写问题笔记

想要克服完美主义，最简单有效的办法莫过于写问题笔记。

所谓问题笔记，就是把今日遇到的问题总结下来，写在笔记本上，可以请教其他同事，问问他们遇到同样问题时会怎么做，经过这样的比较和总结，我们就可以分析出，到底哪些问题是根本没有必要在意的，哪些问题是降低我们工作效率的纠结点。进而通过问题笔记找出自己的问题所在，以后就可以放下这种无关紧要的小问题，直接去做更重要的事情。

学会用逻辑推理

在克服完美主义的路上，首先攻克的一大难关是解决吹毛求疵的问题，解决这个难关，最好的办法就是推理求证，对于那些我们心里过不去的小事，首先我们就需要思考：这件事情做与不做到底会不会影响事情的性质和结果。

如果没有充分的证据证明这些小事会影响事情的结果，那么我们要做的就是果断丢下这些小事，去做更重要的事情，去完成那些没有完成的部分。

处理好"完成"与"完美"的关系后，我们的工作效率必然会得到质的提高，大多数时候，完成比完美更加重要，因为整体必然要比局部更加重要，我们可以在已经完成的作品上精雕细琢进行改良，但决不能在一个半成品上花费过多的精力与时间。

6. 苛求无关紧要的小事，结果耽误了大事

如果留心你会发现，很多时候我们的拖延都是因小事而引起的。极其类似却又各有优势的两个选项经常成为我们纠结的

对象。我们在取舍和选择中徘徊不定，拖延就这样形成了，这样的拖延又很可能导致一些大的事情被延误。

情景再现

小海有着严重的"选择困难症"，尤其在选择自己的衣服上，极其注重外表的他在上班前总会花很多时间来选择当天要穿的衣服。

有一次，小海要见一位重要的客户，为了给客户留下好的印象，更为了自己能不迟到，他前一天晚上花了足足两个钟头来确定第二天的衣服以及配饰。决定好后，他把第二天要穿的、要带的都放在了一起，以便第二天早上能迅速打理完毕，尽快出发。

但第二天早上穿好衣服，正要打领带的时候他又犹豫了，他突然发现昨晚选择的这条领带并不能很好地体现他的精神风貌，他又在十几条领带中选来选去，这足足花费了半个小时。好不容易领带的事情解决了，他又认为昨晚选择的那款手表不能很好地体现他的个人品位，他又把几块手表全都找出来，反复比对，戴了这块摘了那块。

最后一切都收拾停当之后他发现与客户约定的时间马上就要到了，他火急火燎地出了门，用最快的速度往约定的地点赶。正当他为提前了十分钟赶到而暗暗窃喜的时候，突然发现昨晚准备好的材料忘在了家里，而这时客户的车已经停在了门外……

理论链接

在日常的生活中，我们都会有为小事而反复纠结最终陷入拖延的行为。最典型的就是我们在买衣服时常会在颜色的选择上表现出纠结,这个颜色更显深沉,而那个颜色更显年轻,究竟要选择哪个？一时难以做出决定。

我们在不同选项之间所表现出的纠结其实是在选择最优选项以及规避风险。摆在我们眼前的两个选项各有各的优势,都具有某些令我们心动的优点,但它们又都没有完全达到我们心目中的最优标准。而这两个选项又是不可兼得的,选择了这个就必须放弃另一个,于是我们举棋不定。

这两个选项除了有自身的优势之外,还各有自身的劣势,一种劣势就代表着一种风险,我们在趋向于某种优势的同时还要承担相应的风险,我们就在这种优势的选择与风险的承担中陷入了拖延,这样的拖延很可能会导致一些大的事情被耽误。

小事之所以是小事就是因为大的任务系统并不因为这些事情的好与坏或成与败而发生大的偏移,这就意味着小事做得再好也不能完全左右整个任务系统的走向。因此,在小的事情上过于苛刻就是一种浪费时间的行为。

在小事上表现出的过于严苛还可能逐渐把我们的注意力转移到小的事情上,让我们错误地把小的事情就当成了任务执行本身。那些小的事情在这个任务系统中通常都是一些准备性质的工作,或者辅助性质的工作。

就比如上学时的卫生打扫问题。我们常说:"三流学校抓卫生。"这就是一种把小事情当成任务本身来对待的行为。学校是为了培养出成绩优异的学生,而不是让学生反复打扫卫生,过于强调卫生问题的学校显然是本末倒置了。

当我们把注意力集中到这些无关紧要的小事情上时，一方面会在这些事情上耗去过多的时间和精力，另一方面小事情上获得的满足感会让我们有意地去避开执行真正的任务，使我们在拖延中越陷越深。

拖延对抗术

为了避免在那些无关紧要的小事上陷入拖延，下面的这些方法能帮到你：

制定一个周期表

当你总是在一些诸如"每天中午吃什么"、"每天上班穿什么"之类每天必做的小事上纠结时，不妨给自己这些每天都会做的事情制定一个周期表，就像我们在学生时代常用的课程表一样。详细地标明每天的选择，然后把它贴在合适的位置，严格遵守。

授权，把一些零散的任务分发下去

如果你在整个任务执行的过程中处在一个相对关键的位置，你一定不能在小事上拖延，起关键作用的你一旦陷在这些小的事情上，很可能影响到整个任务的进度。在关键位置上的你可以把一些零散的任务分给下属，自己仅仅充当一个把关人即可。

在授权中，一定要做到责任到人，每一个任务不管它有多么微不足道，一定要明确这件事是交给谁来负责了。这样才能确保整个任务执行系统分工明确，有条不紊，一旦出了问题也能及时找到责任人，尽早做出挽救的方案。

阅读一些高质量的畅销书

一些高质量的畅销书能用通俗的语言帮你解决最贴近生活

的问题，而最近两年反鸡汤书籍成为一种风潮，在此期间诞生了一些言之有物的畅销书籍，它们都能在实际问题上很好地帮到你。比如张德芬的《遇见未知的自己》、《重遇未知的自己》，马歇尔卢森堡的《非暴力沟通》以及维泰利的《零极限》、《最简单的方式》等等。

选择同一款衣服

如果留心你会发现，那些科技大佬出现在公众视线里时总是穿着同样的衣服，最典型的就是乔布斯的黑毛衣加牛仔裤配运动鞋和扎克伯格的灰色卫衣，他们为了节省时间，不把注意力分散到选择衣服这种小事上，干脆就只买同一款衣服，一次性购买很多件。

这样的方法也能很好地避免我们在一些小的事情上陷入拖延，我们虽然没有必要向科技大佬们那样疯狂，也可以通过减少衣柜里衣物的款式来节省选择衣服的时间。

在实际生活中，在小事上的拖延并非我们有意为之，而是不知不觉就陷了进去。为了避免这样的情况，我们要时刻保持冷静的头脑，分清主次，把时间和精力放在关键的工作上。

7. 接受不完美，走出拖延死循环

最近网络又新出现一个词汇，叫做"憋大招"。它原本是电子游戏里的一种通俗叫法，但现在也泛指通过长期积聚能量最终取得惊人效果的行为。"大招"产生出的惊艳效果让不少人趋之若鹜、纷纷效仿，但大多数人都在"憋大招"的过程中陷入了拖延。

情景再现

李韬是一名自由撰稿人，之前他的几篇文章在网上获得了不错的阅读量，找他约稿的媒体越来越多。随着自己越来越受欢迎，李韬对自己的要求也越来越严格，他要求自己写的每篇稿子都要达到"十万加"的阅读量，有了这个要求之后，李韬有了拖稿的现象。

接到一个主题之后，为了写出一篇高质量的文章，他会花大量的时间去阅读类似的文章，他阅读这些文章不是为了学习和模仿，而是为了知道这些文章都是从什么角度写的，他要找到一个别人都没写过的角度，他说："这样才能让人眼前一亮"。

看过大量文章之后他开始构思自己的文章，文章的结构他要反复构思，反复修改。写文章时需要查阅的资料他也会花大把的时间去收集整理。在整个文章创作的过程中耗时最长的还是寻取灵感，李韬经常会用整天整天的时间来等待灵感的到来。但最后延期交上去的稿件却往往不尽如人意。

理论链接

人的拖延也并非都是出于一些负面的心理，也有相当一部分人的拖延是由正面心理导致的，比如在完美主义心理主导下产生的拖延。完美主义者无论做什么都喜欢去探寻一条永远都不会出差错的路，或者追逐一个超高标准的目标。这本是一种正面的心理，但这种极端完美和超高标准很容易延长任务的执行期限，所以，完美主义者常常就会在过长的任务执行周期中逐渐陷入拖延。

这其实是一种"消极的完美主义"，也可以说它是一种绝对的完美主义，在这种完美主义的主导下，人往往会制定一些不切实际或远超出自己能力范围的目标，在任务的执行过程中也不允许出现任何纰漏。

这种消极的完美主义倾向更像是一种病态的神经症。我们都知道，神经症的本质就是焦虑，消极完美主义的背后同样也是焦虑。消极完美主义倾向的个体对工作、持有物以及生活，都保持着绝对的完美主义标准，一旦达不到这个标准，焦虑会马上涌现出来，这种焦虑是导致拖延的罪魁祸首。

拥有消极完美主义倾向的人大都不具备正确评估自己的能力，他们在评估自己时大都会给出过高的评价，他们眼中的自己要比客观上的自己更优秀。这种对自己过高的评价又衍生出了过高的期望值，他们希望达到一个大众达不到的高度，他们也相信自己有能力并且一定会达到这个高度。

在任务的执行中，高标准的目标与他们自身能力的不足或欠缺会马上形成巨大落差，其中一部分人会意识到自己能力不足，这部分人为了维护之前建立起的高人一等的光辉形象，会以种种借口去拖延，迟迟不展开行动。

另一部分人并没有意识到自己的能力无法完成预先制定下的高标准目标。他们认为，目标之所以还很遥远，是因为自己付出的努力不够，而不是受限于自身的能力。在这种错误的认知下，他们会在一种无意识的状态下持续性地付出努力，这种努力往往是无效的，反而耽误了真正需要我们去做的事情。

拖延对抗术

为了避免消极完美主义倾向导致的拖延，正确评估自己的能力是基础，降低对自己的预期值是关键。下面的这些方法能在这两方面帮到你：

缺陷评估

这种方法要分四步去完成：

第一步：写下你最失败的三件事，比如：我的失败之一是"我从大三的时候就开始准备研究生考试，足足准备了两年，但最后还是没有被想去的学校录取"

第二步：问自己为什么你这件事情会失败？这又反映了你有怎样的劣势？比如：我较差的学习能力让我花费两年的时间也没有在笔试中取得优势。在面试中，我因知识面窄，语言表达能力弱而没淘汰。

第三步：问自己，为什么你会具备这样的劣势？要连续追问，多问几个"为什么"。进而发现劣势背后的原因。"为什么我的学习能力较差？"因为我从小就没有养成很好的学习习惯，这是我的劣势；"为什么我的知识面很窄？"这是因为我不喜欢看书，平时也不注意知识的积累，这也是我的劣势；"为什么我的语言表达能力很差？"这是因为我性格内向，不喜欢表达，这让我失去了很多锻炼语言表达能力的机会……以此类推你会发现你其实有很多致命的劣势，这些劣势很可能会限制你未来的发展。

第四步：归类总结，当你用以上的方法把三件你最失意的事情分析完毕后，相信你已经在纸上写下了许许多多个劣势和不足。此时你需要把这些优劣势或不足归类汇总。把彼此之间具有关联或相近的归为一类，所包含的劣势和不足最多的那一项就是你的弱势区域。

用大众化的标准来要求自己

在执行任务前，为了避免因消极的完美主义而陷入拖延，你可以先制定一个大众化的标准。比如在工作之前，可以先以一个中等的工作量或中等的标准来要求自己，等到工作展开了，再根据你在任务中的表现来调整工作目标。感觉到吃力了，要在原有标准基础上再次降低，感觉很轻松可以适当调高。

完美本就像水中月镜中花一般虚幻，刻意追逐这种虚幻的完美只会让自己陷入无休止的追逐中，这其实就是一种拖延。放弃对绝对完美的追求，要知道比完美更重要的是完成。

第七章

身后有狼，想拖延都难

1. 制造等不及的"紧迫感"

在时间宽裕的时候，人很容易因为精神松懈开始拖延，适当地制造紧迫感能让人更加专注，更加高效，避免拖延。的确，适度的紧张才是最佳的工作状态。

情景再现

付慧敏是一名年轻的小学老师，她性情温和，对于工作从来都是认真负责，对学生也是呵护备至。然而无论她付出怎样的心血，有一个让她头疼的问题却总是迟迟不能解决，她给孩子们布置的作业总是会出现迟交的情况。尽管她对这些孩子进行过多次单独教育，也还是没有从根本上解决问题。

对此付慧敏只好请教比她更有经验的黄老师，黄老师认为平时付慧敏对孩子们的态度过于温柔，没有给孩子们适当的"压力"是最关键的问题，于是黄老师提议，以后让付慧敏布置作业时适当给孩子们一点"压力"。

付慧敏听从了黄老师的建议，在布置家庭作业的时候，她改变以往的态度，她对孩子们说："以后作业不能按时完成的小朋友，老师就要到你们家里去做访问，而且以后要把拖欠家庭作业的小朋友的名字写在黑板上。"

这样一来，付慧敏的班上竟然再也没有不交作业或者拖欠作业的孩子了。

理论链接

只要方法适当，人为制造紧迫感无疑是一个提高工作学习效率的好方法，我们在生活中经常需要一点"紧迫感"，毕竟不是每个人都能长期保持自律，很多人无法完全摆脱身上的惰性，这就需要外力来促使我们勤奋起来，从而甩掉拖延的毛病。

我们是否长期遇到这样的情况：早上起床时，想再睡几分钟；开始工作时，想再休息一下；开始学习时，想再玩会儿游戏；接到任务时，想先玩玩手机……我们不断拖延这些事情，无非是因为没有紧迫感！对一个不够自律的人来说，没有紧迫感就势必会造成拖延。

作为学生需要有紧迫感，否则学校的几年黄金时光一晃而过，学业却一无所成。作为年轻人需要有紧迫感，不然青春岁月匆匆而逝，事业将一无所成。人生要有紧迫感，否则将会在离开之时一事无成。

但你有没有想过为什么我们会没有紧迫感，而且也不愿意给自己紧迫感？

责任感缺失的人往往更轻言放弃，不愿给自己制造紧迫感。有些人，在接到工作任务之后，由于本身的能力有限，而长期的惰性又让他们不愿意花费时间和精力来提升自己的专业水平，他们知道自己无法很好地完成任务，所以干脆应付了事，这样自然不会有紧迫感。

责任感的缺失也会让我们失去给自己制造紧迫感的欲望。有时，上级分配下来的任务往往是集体性质的，我们通常只是负责其中的某一个部分，在这种情况下，如果不明白总体任务的重要性，必然就会敷衍了事、再三拖延，这是没有责任感的体现。

通常情况下，自信能给我们带来众多的好处，但是过度自信就会变得自负，在这种情况下，我们容易高估自己的实际能力。例如，一件需要两个小时才能完成的任务，很可能被过度自信解读为1个小时就能完成，在这种情况之下，自然就不会给自己制造紧迫感，因为我们会认为既然时间充足，为什么还要逼迫自己去做？而行动后的事实却往往会给予我们突如其来的打击。

在适度的紧迫感之下，我们才能发挥出最好的工作状态，人为制造紧迫感是成功之路上一个很重要的环节，它能使我们拒绝拖延，提高工作效率。

拖延对抗术

很多事情都能让我们人为的制造紧迫感，让我们的工作更加有动力：

学会定倒计时闹钟

定倒计时闹钟的方法对于制造压迫感可以说是简单易行，第一可以让我们更好的掌控时间分配方式，另一方面又能够让我们清醒地看到时间的流逝情况，我们可以给要做的一件事情设定一个合理的完成时间，这种效果，就类似于学校考试交卷的铃声，其效果是一样的，目的是为了给我们一个清晰的结束期限，制造压迫感。

学会凡事往坏处想

既然需要的是紧迫感，那么我们就暂时不需要再去推崇乐观精神，先采纳悲观者的想法，以此产生紧迫感。每做一件工作时，首先需要想的就是如果我们没有完成这件事情的话，会产生怎样可怕的结局——罚款、开除等等，只要能够让我们产生提心吊胆效果的就可以。虽然这些想象大多数情况下并不会真的发生。但这些让人担心的想象往往能够让我们的头脑和手脚更加敏捷，从而提升工作效率。

学会给自己制造紧迫感，可以让我们在事业和学习之路上保持自律，帮助我们得到更好的提升，提高工作学习效率。制造紧迫感是十分重要的一个手段，而且如果习惯了长期给自己制造紧迫感，相信将来也必将会做出一番成就。

2. 常想身后有狼：最大的危机，就是没有危机感

在失去了危机感之后，人很容易变得懒散、松懈，带着这样的状态，无论做什么都很容易陷入拖延。但那些突如其来的危机也很容易在这个时候出现，所以，最大的危机，就是没有危机感。

情景再现

白彪年纪轻轻，是一名大型国企的基层员工，他非常满足于当下的生活，他觉得国企是非常稳定的单位，今后只要做好自己的事情就可以了，在进单位后他就从来没有过提升自己专业技能的想法。

单位突然发下了一份专业测试题目，测试时间只有短短30

分钟，白彪没多想匆匆写完了后就交了上去。过了一星期，在下班时，单位居然把成绩贴了出来，100分的试卷白彪仅仅得了53分，不过他也没有放在心上，看完就和往常一样，与同事出去玩乐了。

不过接下来发生的事情却让白彪傻了眼，由于国家的经济政策，长期效益不好的国企单位被要求进行裁员，而这次考试就是一个分水岭，专业能力考核分数低于60分的员工全部都要买断工龄后进行裁退。

虽然白彪和那些工友们提出了强烈的反对，但是这些呼吁依旧无法改变他下岗的命运。

理论链接

人生最可怕的事情就是没有危机感，没有危机感的人生就已经输了一半。很多满足于当下生活的人往往察觉不到危机感，我们并不知道，在我们回家玩着游戏的时候，有一群人正在奋力考着各种专业证书；在我们与朋友唱歌吹牛虚度时光的时候，有一群人正在实行着他们走向高层的计划。

不如试想，我们目前的工作环境是怎样呢？是否也在"你爱不爱我"、"你会不会背叛我"、"下班一起去哪里玩"等小心思中消耗光阴，结果目前最重要的工作与学习反而变成次要的了。

几乎很少有人会认识到，假如长期处于这样的环境下，我们的危机已经慢慢逼近了。

没有危机感可能就会导致倦怠、懒惰、拖延等负面情绪，工作的热情以及工作的效率也随之降低，随之一蹶不振的，还有我们的工作能力和办事的业务水平。当工作业务能力低于某一个水平的时候，被辞退是在所难免的。

一个人没有危机感通常会表现出过分满足于现状。这部分人虽然看起来温和、与世无争，实际却是不思进取、虚度人生，如果我们有想法要提升自己，一旦去找他们询问关于提升的问题，他们的回答一定是，做事就是要稳定，不要想太多先做好眼前。当一件事情我们看不到任何提升空间的时候，却不想办法突破自己已有的格局，那么不但不会保持在原有的水平，还会变得越来越差劲。

这种情况很可能是家庭环境过于优越造成的。这种人通常拥有优渥的家庭条件。他们觉得紧迫感跟他们根本没有交集，即使是辞掉工作对他们的人生影响也不是太大，不过这样的人并不多，毕竟富有家庭也只是极少数。

消息来源太窄也会让人失去危机感。很多时候我们不是没有危机感，而是所处的环境使我们感受不到危机的存在，更多情况下危机感都是通过外界的消息到达我们的耳中再产生，如果我们所处的环境接触不到这些让我们感觉到危机感的信息，那么我们也就不会有危机意识了。

最大的危机，就是感觉不到危机。没有压力就没有动力，我们只有经过持续不断充满危机感的岁月洗礼，才能够走向真正意义上成熟而灿烂的人生。

拖延对抗术

危机感并不是天生就存在的东西，所以在这里需要提供一些能够让大家培养出危机感的办法：

一定要主动尝试

培养危机感最好的东西就是经历,例如我们在第一次买车时可能什么都不知道,会出各种问题,于是我们在买第二辆车时,就会自觉地保持高度警惕状态,以随时应对会出的问题。工作也是同样的道理,第一次去做的时候我们不知道会遇到什么,但是如果我们之前就尝试过这样的事情,就一定会提前预备各种处理问题的方法,而不会手忙脚乱。

学会对比优劣

虽然在生活中进行攀比确实不是一件好事,但是在工作中这种比较是非常必要的。俗话说没有对比就没有进步,如果我们在工作完成后没有任何一个可以进行对照的指标,看不出优劣好坏,那么就会丧失前进的动力。所以我们在完成工作之前就要选定一个对比的参照物,方便在事后进行比较,这样才会产生危机感。

培养个人的危机感,前提是要有一定的毅力、恒心,有一定的可塑性,勇敢尝试,当体会到了挫折感,时间一长,自然会养成自觉的危机感。

3. 假如"做不完就失业",你还会慢条斯理的拖延吗?

你之所以会经常性地拖延工作,就是因为不按时完成任务也不会有太过严厉的处罚,最多不过是被扣点工资,大不了再挨一顿骂。但越是这样想,你就越是拖延。假如"做不完就失业",你还会慢条斯理地拖延吗?

情景再现

雷霄是一名经济学海归博士,被一家大型企业聘请为公司的 CEO。经过对公司高层工作一段时间的观察后,雷霄发现,由于之前长期处于安逸的环境,每一个高层管理者都有着严重的拖延症,下级上报的种种工作情况总是会被耽误一到两天的时间,之后才会到他手中汇总。

对此他提出了种种解决方案,虽然这些管理者嘴里都说着赞成,但是实际效果却收效甚微。一怒之下雷霄直接在公司的董事会上汇报了此事,经过董事会的批准,雷霄直接制订了非常严格的规则,如果再有管理者敢拖延工作汇报,一律以辞退处理。

实行这项规章之后,虽然雷霄的工作量大了不少,但是整个公司的运营变得非常高效,仅仅只是一个月的时间,公司的效益就比上月提升了 25%。

理论链接

对于拖延症重度患者,有时候不得不采取狠一点的惩罚手段才能取得成效。在我们的工作中也是如此,工作时看手机、玩游戏、聊天等等在很多单位都是屡禁不止的,也是我们大多数人经常会做的事情。

不过有些企业中并不会出现工作中做其他事情的情况,最主要的原因还是因为那些企业制定的纪律非常严格。例如,有的企业规定,工作时间玩手机被发现一次罚款 100 元,第二次可能就直接开除了,大部分人都不想承受这样的后果,所以严格遵守规定。

大多情况下，我们并不是做不完手头的工作，而是消耗在其他无关事情上的时间太多了，我们往往都是不够自律的，如果没有强制性的规定来让我们走入正轨，大多数人就会选择敷衍。在这种情况下，"做不完就失业"这种心理暗示的存在就是很有必要的。

首先它让我们的行动变得更加主动。"做不完就失业"是一种积极的心理暗示，它能够给予我们强大的动力，对于一个上班族来说，还有什么能比"做不完就失业"这件事情更让人感到担忧的？尤其是在能力完全可以胜任的情况下，明明可以完成，为什么要因为拖延而丢了工作？这种心理暗示会加倍提升我们的工作效率。

其次，它能帮助我们变得更加专心。如果失业是我们最后的底线，当事情触及到我们底线的时候，就必然会暂时抛下其他一切的事情，选择优先去解决触及我们底线的事情，"如果不解决就会导致失业"这个观念是一个非常简单的因果关系，任何人都明白其中的含义，但正因为其中简单明了的指向性，才能让我们正确把握做事情的优先顺序。

最后，它还能让我们明白事情的重要性。"做不完就会失业"清晰表明了相关联事情的重要性，如果我们被辞退，那就是因为耽误了这件非常重要的事情，如果做好这件非常重要的事情，我们的工作就能够保住。我们不会因为玩手机、打游戏而丢掉工作，但是如果因为玩手机、打游戏耽误了这件重要的事情，那么就会丢掉工作，这样简单逻辑关系能够让我们非常明白什么是重要的事情，从而主动去完成它。

现实生活中，很多没有按时完成的事情确实会让我们丢掉工作，只是我们意识不到。例如当我们耽误了某项自己觉得无关紧要的工作时，上级其实已经看在眼里了，也许这项工作确实不是那么重要，但上级已经由此看出你的个人能力，长久下来，拖延懒散的工作态度也必然会导致工作机会的丧失。

拖延对抗术

"做不完就会失业"，这直接关系到我们的切身利益，那么我们便不可能再慢条斯理地拖延。但是也没必要过度担忧甚至焦虑，我们每个人需要做的无非是提高自己的工作效率。

享受舒适的午休

在一天8小时的工作时间中，午休是一件极其重要的事情，千万不能小看了中午40分钟左右的休眠时间，有经验的人都明白，仅仅40分钟的良好睡眠，就能够让我们整个下午都保持精神饱满的状态，经过高质量的午休我们的精力更加容易集中，大脑的活跃度也会显著提高。

很多公司并没有提供午休的场所，我们能做的一般就是趴在桌上睡一会儿，但即使是这样，我们也可以准备各种午休的道具，例如自带软坐垫、枕头、毛巾、眼罩等，为自己营造一个良好的午休环境。

在常用的物品上贴警示语

"做不完就会失业"其实本身就是一句非常好的警示语，这样的话可以贴在我们常用的杯子、显示器、键盘、甚至于手机上，如果觉得这样尴尬，并且可能给周围的同事们带来紧张的感觉，可以用百度翻译把这句话变成英文或者其他语言，写下来，再用便利贴贴上去。当我们企图分心做别的事情的时候，看看这句话。这样一段小小的标语，可能就会让偏离路线的我们重新走上正轨。

"做不完就会失业"是治疗拖延症的一个良方，虽然有一点可怕，但是对上班族来说，这个心理暗示确实是对付拖延症最有效的方式。

4. 别懈怠：没有人会督促你前进，但有无数人准备替代你

走进社会以后你的身边对手很多，朋友很少。从此不会再有人督促你前进，反倒有无数的人在暗中默默努力奋进，等着取代你的那一刻，正在拼搏的年轻人，千万别懈怠。

情景再现

陈雅洁是一座小城市里的高三艺术生，她能说会道、才艺双全，颜值也很高，是公认的学校校花，唯一不足的是文化底蕴上略有欠缺，不过她对此并不在意，她认为以她的才艺和颜值，考上北京电影学院或者中央戏剧学院都不成问题。

在艺考前一个月，她几乎都在和同学们的玩乐中度过，基本没有怎么学习，直到去北京面试那天，她才傻了眼，本以为自己的才艺和颜值都足以入围，结果在全国精英汇集的电影学院面试场上，她才发现原来自己只是那么平凡！仅仅在颜值上高于她的就大有人在。面试的时候，由于巨大的心理压力，陈雅洁发挥明显失常了，她清楚地知道与电影学院肯定是无缘了。

之后她又参加了中央戏剧学院的面试，不过这对她的打击

反而更大了,她的那些竞争对手,一个个几乎都是专门学习过戏剧艺术长达好几年的,在面试的专业交谈之中,陈雅洁与她们对比,简直是相形见绌。而自负的陈雅洁,此次艺考仅仅只报考了这两个学校,最后她只好复读一年,次年选择了难度相对较低的省级艺术学院。

理论链接

在激烈的竞争环境中,如果不努力提升自己,势必会被时代的洪流所淹没。在工作中,若是没有扎实的专业知识,没有让人信服的能力,想要获得领导的重视十分困难。不知道你有没有过这样的经历:同样都是去应聘,在面试的时候有些人能说会道,交流起来口若悬河;而另一些人,他们总是沉默寡言,不善言辞。但是,一旦谈到专业的方面,他们的眼中就能迸出激情的火花,最后这群"能言善辩"的人被拒之门外,而这群看起来木讷无趣的家伙却应聘成功。

现代职场生活并非是学会溜须拍马就可以上位,在"北上广深"这些大城市中,对于一个刚入社会的毕业生来说,专业技能绝对是最重要的上岗指标,如果没有这个基础点,即使是能舌灿莲花,也很难长期立足,专业实力就等同于"能力"。只有"有能力",才能为企业创造出经济效益。

据北京电视台的调查报道显示,北京市常住人口目前就有2200万人,而外地过来就业的流动人口达到了1200万之多,由于全国资源配置的不均衡,大部分大学毕业生在老家无法找到满意的工作,最后都会选择到大城市中寻找就业机会,这部分离家的游子,可想而知,将要面临更大的竞争压力,若是没有强大的实力，又如何在人群之中站稳脚跟呢？

　　一个理想中的工作岗位，往往会有多人参与竞争，激烈程度可想而知，如果不能有效提升自我能力，被淘汰的结局是显而易见的。在陌生的城市里，没有人会来催促我们学习与进步，但是却会有一大堆人随时准备把我们挤下岗位，所以如果我们还没有占得一席之地，那么就必须不断提升个人能力，去抢占一块立足之地；如果我们已经站稳脚跟，那么就更应该巩固自己的专业实力，保住辛苦取得的成就。

拖延对抗术

　　时代的洪流中，懈怠等同于退步，但如何才能改变被动学习的状态，不再抱怨时间不够充足呢？下面就给大家提供一些充分利用时间的实用方法：

利用坐公交的时间学习

　　在大城市中，我们上下班的通勤时间往往都在1到2个小时之间，这是一段很宝贵的时间，因为它是可以自由支配的。1个小时的时间，就足以让我们背诵30多个英语单词，或者翻阅20多页专业书籍了，即使是每天只有1小时，一年坚持下来，也足够让我们考取两到三个专业证书了。

中午提前点好外卖

　　几乎每个公司中午都会有一小时左右的休息时间，这段时间如果浪费掉实在太可惜，我们完全可以提前一小时点好外卖，在中午下班的时间点就直接吃饭，避免路途上的时间浪费，中午和同事们的闲聊并没有那么重要，我们不如利用这段时间看一看自己的专业书籍，提升自我。

利用回家吃晚餐的时间

我们下班回家后吃晚餐的时间可以充分利用起来，相信我们之中很多人都有吃晚饭时拿着手机看电视剧或者电影的习惯，我们只需要变一种形式，把电视剧或者电影换成公开课的视频就可以了。

强者自要自强不息，人的一生都不能离开学习而存在，所谓活到老学到老，当今时代，不在自强之中求生存，就在拖延中走向堕落。如果我们期望在社会中站稳脚跟，就势必要给自己一点必要的压力，有压力才会有动力。

5. 真正的执行力，要结果更要速度

"结果和过程哪个更重要？"这个话题其实并不值得讨论，结果和过程并不是一种非此即彼的关系，它们二者同样重要，少了哪个都不行。尤其是在职场上，强调结果的同时还要强调过程的高效。

情景再现

林玲和夏洋同时受雇于一家公司，拿着同样的薪水。可是一段时间以后，夏洋青云直上，而林玲却在原地踏步。林玲对此非常不满，于是早上空闲时候就去找老板抱怨。老板思索了一会儿要怎么跟林玲说明白这件事情。

他通知林玲几天去银行取一笔公款，晚上公司要用，林琳答应了。下午三点多林玲放下手头的工作，和人事打了招呼去

银行取回了公款，交给老板。老板对她说："很好，明天你仔细观察一下夏洋怎么做。"

第二天，老板给了夏洋同样的任务，结果夏洋二话没说立刻就去把钱取了回来，并问老板还有没有别的任务，于是老板说，要他晚上之前把这个月的工作数据整理好，明早开会需要使用，结果还没到中午，夏洋就将整理好的资料交给了老板，并再次询问老板有什么任务，老板笑了笑说："没有了。"

这一切林玲看在眼里，她也终于明白了为什么夏洋可以受到重用。

理论链接

完成同一样事情，不同的行动效率则会有不同的结果。你有没有遇到过这样的事情：我们接到上级指派的某一项工作，由于认为工作简单，而且肯定可以在下班前完成，于是我们慢悠悠地处理这这件事情，一会儿玩玩手机，一会儿和同事聊聊家常，正当我们准备结束任务时，结果啪地一下跳电了，突然想起手头的任务还没有保存，顿时我们就傻眼了。

这样的事情在生活中并不少见，面对日常的工作任务，我们可能会觉得，提早完成和最后完成没有多大的区别。但是事实上，提高速度，有时候甚至可以改变我们的命运。提前完成工作任务，并保存上交，即使最后遇到跳电等突发情况，我们依旧可以在下班时悠闲地回家，而那些工作效率低下的人，就一定会为这件事情而抓狂了。

很多时候，那些执行力低下的人，都抱着"任务这么简单，我肯定可以完成"的心态。他们通常有点能力，面对上级下达的日常任务，粗略一看就能够估算出自己需要多久能够完成，然而正是这一点，让他们反而变得更加散漫起来，他们觉得既然一天时间我肯定可以完成，那么为什么我要那么匆忙地去提前完成任务？不如先玩玩手机，刷一刷朋友圈，悠闲地度过这一天，最后再上交任务，轻松又愉快。

也有一部分人认为"提前完成了也没有额外奖励，那么我图什么？"这类人并没有弄清楚他们所做的工作是份内的事情，也不清楚认真完成工作任务，是劳动合同上法律所规定的事情，他们天真地觉得只要提前完成任务就应该获得奖励，如果得不到奖励，就没必要提早完成，还不如做点别的事情来打发无聊的时间。

当然，我们也不排除一些人在工作能力方面的确存在短板或不足。对大部分人来说，公司交代的日常任务基本都是可以按时完工的，但是还有那么一小部分人，受自己的能力水平所困，例如，打字速度太慢，资料查询渠道太少，办公软件运用不够熟练等因素，但这部分人毕竟是少数，而且往往会随着工作经验的增加而熟能生巧。

不管我们是属于哪一类人，都应该避免这些想法，提高工作效率，尽早完成工作任务，对我们来说都是百利而无一害的。提高工作效率，会让我们的职业之路更加顺畅。

拖延对抗术

真正的执行力，既要质量也需要速度，没有速度的质量是会耽误大事的，毕竟完成比完美更加重要。那么我们就来学习一下提高工作速度的做法：

拒绝蚕食工作法

所谓蚕食工作法,就是没有头绪,做一点是一点,这种工作方式是速度的大敌,常常需要做一步想一步,严重浪费工作时间。正确的做法,应该是用笔记录整理出工作任务的整体顺序框架,每一步需要什么样的资料,我们都应该提前准备好。等到资料齐备,思路清晰时,再开始行动,这样就会有事半功倍的效果,能够把整个工作一气呵成地迅速完成。

训练基本打字速度

智能手机流行的时代里,确实有那么一些毕业生,手机功能十分了解,但电脑却接触太少,然而工作大多是在电脑上进行,而不是手机,他们手机打字虽然速度可能快到超越电脑,但是一摸到电脑键盘就开始变得非常迟钝。对此必须训练打字速度,如果家中有笔记本电脑,第一件要做的事情就是用软件训练打字速度,要知道,虽然打字是一件简单的事情,但是打字速度比我们快两倍的同事,工作效率确实要比我们高出 0.5 到 1 倍只多,这尤其体现在文职工作之中。

真正的执行力,要结果更要速度,速度是在结果之上的更高追求,试问哪个老板会不喜欢那些做事又快又好的员工呢?毕竟只有这样的员工才能为自己和老板带来双赢效益。

6. 不要等待命令,强迫自己主动出击

每天到了公司以后,你会等待领导给你安排任务还是主动地去开始工作?你知道吗?对待工作的主动与被动很可能就决

定了你职业生涯的上限。

情景再现

赵霄声和赣孟凡是南京艺术学院表演系的学生，他们是同班同学，毕业后两人一块来到了横店影城寻找机会，做了一段时间的群众演员之后，两人不约而同的感觉到身心疲惫，不过他们并没有放弃当初的梦想。他们坚信，是金子总会发光！

一日一个抗日片的剧组来到横店拍摄，赵霄声马上加入了群众演员中，跟往常一样，他还是坚信他的演技会打动导演，有朝一日必然会变成男主角，而赣孟凡这次并没有继续之前的老路，他一反常态地鼓起勇气闯进了剧组工作室里，非常嚣张地在导演面前说："老子要演日本反派头子，越坏的角色越好，不给演，老子今天就赖着不走了！"

结果没想到这么一闹，反倒起了效果，导演笑着对他说："我看你还真挺适合演坏人，正好剧组还差一个汉奸头子的角色，就由你来演吧。"

这是赣孟凡演出的第一个台词不少的角色，他凭借这次机会把自己的专业水平一次展现了出来，让这个汉奸头子的角色活灵活现，简直让围观群众都有上去揍他一顿的冲动。凭借这次演出，让赣孟凡积累了不少人气，导演对他的演技和敬业精神都相当满意，后来才知道原来他是南京艺术学院的学生，竟然是自己的学弟，于是之后出于照顾又让赣孟凡演出了不少重要角色，这样赣孟凡也逐渐开始变得小有名气了。

而此时的赵霄声则还一直在茫茫人海般的群众演员中挣扎徘徊，继续等待机会。

理论链接

一次主动的争取，可能就会彻底改变人生的命运，那么我们为什么不去尝试一下？回首过往，必定有太多的怀念让我们难以启齿，直到现在可能都觉得无比遗憾：可能是当年没有勇气表白的姑娘，可能是没有在高考时认真一搏，也可能是没有在亲人离世前送上一份尽孝的礼物……

不敢主动争取，只会让我们收获更多的遗憾，如果我们的一生就这样伴随着遗憾度过，幸福感想必也不高。一次又一次对自己内心的恐惧妥协，说服自己放弃，这样只会让我们变得越来越不自信，让我们与那些明明能够做到的事情一次次失之交臂。在空虚中等待，在等待中虚度光阴，无异于是一种精神上的慢性自杀！而主动争取，就是我们获得自救的唯一办法。

那些不能做到主动争取机会的人，有的时候会想："这么多人竞争，凭什么选我？"这样的想法，说好听点是与世无争，不好听点就是自暴自弃，这么多人竞争，而你争都不去争一下，凭什么知道自己会没有机会呢？很多事情，我们无法预知结果，但是只要参与了，至少会收获成功的机会。所以千万不要抱有主动放弃机会、退位让贤的想法，在日新月异的现代社会，竞争才能让我们变得更加强大。

凡事畏畏缩缩、不敢争取的人往往"有贼心没贼胆"，关于"野心"这个词，众人褒贬不一，但不可否认的是，野心是很多富有魅力的人所具备的特质之一。总有人担心失败了面子上过不去，便因此而止步不前。可是细想一下，和最后的成功比起来，面子其实并没有我们想象的那么重要。没有面子丝毫不可怕，可怕的是为了无用的面子放走了自己的梦想。

没人敢说自己从一开始就百分百胜任目前担当的岗位，大多数人都是在摸索中不断前进的，若是事事退缩，坐等机会垂青，我们可能永远都在原地踏步。我们必须清楚的知道人无完人这个道理，能力不够可以提升，但是机会一去就不会再来。

当我们获得一个理想中的岗位，但是个人能力又还有点欠缺无法完全应对获得的任务时，与其选择在一开始放弃，不如在任务中提升自己的能力，直到最后完全拿下。

我们应该将悲观的心理放在一边，毕竟机会并不是随时都有的，如果机会来临我们奋力争取了，即使没有得到，那也问心无愧；但是如果机会来了，我们甚至都没有去伸手，那事后再后悔未免为时晚矣。

拖延对抗术

主动出击，是对抗拖延症，提高工作效率的良方，提升自己的主动性，我们可以采纳下面的方法：

练习打乒乓球

不同于普通的体育运动，篮球、足球、排球等体育运动因为是团体运动，可以让胆小者不断地逃避对抗，将球传给他们，而乒乓球不可以，乒乓球这项运动从头到尾都必须由自己的主动意识来控制，无论是练习还是对抗中都是如此，对于性格被动的人来说，练习乒乓球这种以主动进攻意识为主的运动，会对长期被动的心理产生强大的扭转作用。

长期帮亲人做家务

不少人觉得这是一件很简单的事情，但是实际上能够长期做到的人并不多。这样做的目的是为了让我们具备更多的感恩之心，当亲人对我们发出由衷赞扬的时候，自己便能充分感受到主动帮助家人所带来的乐趣，尽孝的同时也会让我们变得更加主动从容。帮助家人能让我们感受到主动带来的直接效果。

孝顺父母不能等待，工作机会不能等待，朋友情谊不能等待，世界上太多重要的事情都不能等待，我们需要做的就是主动一点，勇敢一点，让我们的人生变得更美一点。

7. 即使没人管你，也要做完工作再休息

成年之后就不会再有人时时督促你应该做什么，不应该做什么，从此你是一个独立的个体，你要对自己负责。所以，即使没人管你，也要做完工作再休息。

情景再现

在美国一所大学的日文班里，突然出现了一个50多岁的老太太，开始大家并没感到奇怪。在这个国度里，人人都可以挑自己开心的事做。

可过了不长时间，年轻人们发现这个老太太并非是退休之后为填补空虚才来这里的。每天清晨她总是最早来到教室，温习功课，认真地跟着老师阅读；老师提问时她也会出一脑袋汗；她的笔记记得工工整整，不久年轻人们就纷纷借她的笔记来做参考。

有一天，老教授对年轻人们说："做父母的一定要自律才能教育好孩子，你们可以问问这位令人尊敬的女士，她的孩子一

定很优秀。"

一打听,果然,这位老太太叫朱木兰,她的女儿是美国第一位华裔女部长——赵小兰。

理论链接

自律是职场中最重要的个人素养,当我们毕业后进入职场普遍会感觉到些许的不适应,感觉没有了校园的束缚,也没有了家长的约束,感觉很自由,但是对于我们初入职场的人来说,养成良好的职业习惯,变得更加自律是非常重要的。

"每天下班回家就躺在床上,周末恨不得两天都在床上度过"的生活方式,会使我们养成异常懒惰的生活习惯,而这种习惯会悄无声息地渗透到工作中来。

很多人有相当一部分的不快乐正是来自于这种空虚的"自由"里,它让我们的工作不受控制地走着下坡路,限制了我们变得更好的路,阻碍我们去获得理想工作。

自律带来的自由,恰恰就是随心掌控自己生活的能力。而这恰恰是那些缺乏自制力的人做不到的事情。缺乏自律性的人,大都喜欢熬夜玩手机。有这样一群人:他们明理知事,能言善辩,就是一拿起手机,立马忘乎所以。他们明明知道深夜玩手机伤眼、伤身,然而,却像是着了手机的魔。他们精神空虚,明知道这样做什么也得不到,但还是选择了躺在床上用手机浪费宝贵的时间。这就是自律严重缺乏的表现之一。

不能控制自己的饮食也是缺乏自律意识的一种体现。这类人,他们对日渐肥胖的体型毫不在乎,他们曾经也想过减肥,但是后来发现,相比起吃,减肥简直就是折磨自己!有些人总爱说："我怎么喝口水都会发胖？"其实他们只是忘记了中餐吃了两个汉堡、三根虾条、一袋薯片、半只烧鸡、两杯可乐、一碗面条……他们仅仅只记得他们喝了一杯水！他们明知道肥胖严重影响身体健康，但是他们克制不住食欲，宁愿患上高血压、糖尿病，也不愿让自己饿一分。

管不住自己的嘴是不自律现象中一个最常见的表现，这种情况下，多半是由于精神上的寂寞造成的，这类人往往没有自己特别喜欢的爱好，但是对任何事情都抱有兴趣，周围人稍微一点风吹草动，马上就可以引起他们的注意，这也是他们为什么在工作时比周围同事的话要更多一点的原因。

要知道，在职场中自律性能促进自己更稳健地前进，也能保护我们，使我们不必遭受无意义的尊严创伤。一个不够自律的人，几乎是没有办法与拖延症进行抗争的，只会让自己的脚步随着拖延症的加深逐渐深陷泥潭无法自拔。

拖延对抗术

如果我们想要养成自律的好习惯最重要的事情莫过于从身边的习惯开始做起：

做一个"自私"的人

在工作中，我们必须做一个"自私"的人，不要认为我的工作只是在为老板做事，正确的想法应该是，只要交代在我们手上，那就是我们自己的事情，就要肩负起责任，做到让自己满意。如果没有强烈的责任感，也就不存在自律性，工作不仅仅是为别人工作，更重要的是对自我能力的肯定和个人修养的锻炼。

吃到眼前的肉才重要

经常有人由于对未来的事情浮想联翩，导致手头的工作迟迟不能动工,这是工作之中的大忌!无论未来发生什么事情,目前都与我们没有关系,我们要做的就是做好眼前的事,眼下的事情如果不完成,也就没有未来可谈。要经常给自己增加紧迫感,告诉自己如果眼前的工作不能完成,那么将要面临的就是被辞退的危险。

选离门口近且背对门的位置工作

如果我们的自制力实在是够差,但是又想改变这个坏习惯,那么最好的办法,就是在可以挑选位置的情况下,主动选一个离门口最近,且背对门口的位置。这个位置可以解决绝大部分不自律的问题,看不到前来巡视的老板,看不到前来检查的人事人员,将使那些自律性极差的人整日提心吊胆,无法悠闲地消磨时间。

出来工作的我们,都是心智成熟的成年人,老板不可能像盯小孩一样盯着我们,我们更不应该把自己视为幼稚的小孩子,自律是一个人成熟的标志,更是一种美德,只有自律,才能让我们和拖延症断绝关系。

第八章

从拖延到高效,你差的是时间管理

1. 时间观念混乱是拖延的成因

在一项任务开始之前如果你不能很好地评估完成任务所需要的时间，就很容易因为时间观念的混乱而产生拖延。

情景再现

赵小雨工作两年了，每天被上级催着跑，焦头烂额、劳心劳累，每天加班感觉没个尽头。任务下达了，过于简单的事，赵小雨先拖着不做，之后就忘记去干，过于困难的，又害怕完成不了，不到最后被逼入绝境坚决不去不行动。

拖延对抗术

我们接到任务后，应该首先从整体上来分析这个任务，仔细地查看任务要求，对这个任务做一个全面的了解，这样才有可能根据任务工作量来分配你的时间和精力。把接到的任务理解透彻了，才能做一个完成任务的预期，这样才能最大程度避免拖延。如果你连个全局观念都没有，又从何谈起合理分配自己的时间和精力呢？

事情越多，越负责，那么对个人时间的管理要求也就更加严格。

时间管理是一个极其重要的工作方法，说得通俗一点，就是要在规定的时间完成规定的事情，在工作中，学会制定工作的日清单是一项极其重要的职业技能，这将大大提升你的工作效率，有助于后期新工作的展开。

千万不要认为事情很简单就可以先不做，事情太难办就要拖着先不办。总是奢望时间能够帮助你解决这些问题，不过是自欺欺人而已。不论你有多少个理由来逃避责任，该你做的你照样得做。

拖延症是一种会导致严重后果的不良职业毛病，眼看工作截止期限即将逼近，压力也就会与日俱增，人也会因此变得更加焦虑不安。

这时候你就非常需要一份清晰明了的时间日清单来指导自己有效利用时间。

拖延对抗术

在制定时间日清单时，你需要格外注意以下几个方面：

估算完每一件事情大概需要的时间

想制定一份理想的日计划，仅仅将这一天的内容列举出来，这是远远不够的。在此基础上，还需要根据自己的真实情况，对每一项日程安排所需要的具体时间进行进一步的估算。

初学者可能会对时间的长短没有具体概念，因此，在进行第一次估算时，不要给自己安排太多的事情。另外，在做事时，一定要注意时间的限制，将整件事情的完成时间控制在一定的范围内。

一旦制定好计划，就应该严格要求自己，遵守自己规定的时间限制。这样，你才能抵御外界干扰，让自己在长期的实践过程中被激发出更多的潜能。

留出一定的弹性空间

没有人知道未来会发生什么，如果你将一天的日程安排得太满，一旦出现任何突发事件，你都有可能无法从容应对。所以，在制订计划时，要学会将未知的情况也纳入其中。

你可以试着用50%的时间应对明天已经确定下来的各种安排，再用剩下的50%应对突发事件。

果断做出正确的取舍

想要让自己的日清单更有计划、更有意义，你应该学会在不同的任务间进行取舍，具体按事情的轻重缓急来安排。如果在某段时间内你的工作异常忙碌，则只需要将最重要的事情找出来，并按时完成即可。

对日清单的实施效果进行具体体验

之所以制定时间清单，是为了让我们的生活更加简单，并期望以此来创造出更理想的生活秩序。因此，只有对清单的实施计划进行具体检验，看着自己完成了哪些计划，并将未能完成的工作延续到明日的日清单中。这样一来，你便可以意识到拖延的坏处，并将其改掉。

个人日清单不能生搬硬套

时间管理无法像课本定义一样生搬硬套，其主要原因在于，我们每个人每天需要面对的事情都有所不同。一味地按标准化的时间管理表来进行自我时间管理，势必会造成时间管理的混乱。

所以，个人在进行实践管理时，一定要符合自身实际情况，不能照搬别人的经验和方法。时间管理发挥作用的方式不同，正如它本身也受多种因素影响一样，在不同类型的工作中起作用的时间管理方法各有不同，或者因人而异。

无论什么工作，提高工作效率，拒绝拖延症一直是我们所追求的。与其漫无目的地苦苦追寻，不如好好静一静，放松一下自己，然后认真分析一下自己的具体情况，根据实际情况，找到符合自己工作规律的时间管理方法，从而提高工作效率。

在实践自我实践管理清单时，唯有那些拥有毅力与耐心的人，才会成实践管理的大赢家，才能够彻底终结拖延症。半途而废者，是永远也不能战胜拖延症的。

2. 桌面脏乱的人为何总拖延

也许你从未想过，脏乱的桌面也会导致你产生拖延。

情景再现

如果你有机会走进北京中关村地区的IT产业大厦参观，就会发现，好多从事IT的员工，或者高效率人士的办公桌上，普遍东西都很少而且特别整洁。再回头想想自己的工作台面，是不是常常乱七八糟，堆满一大堆无用的东西，而一到要用的时候就什么都找不着了？

理论链接

经过研究发现，桌面的脏乱程度和拖延症之间有一定的必然联系。桌面的脏乱程度和大脑思维的混乱程度在一定情况下是成正比的。

在大脑思维极度混乱的情况下，处理事情肯定没有章法，做事丢三落四、生活环境脏乱不堪等都是大脑思维混乱的外在表现。

你桌面的整洁程度将直接影响到办事效率和你的心情，如果工作时你这个文件找不到，那个资料找不到，耽误时间不说，心情也跟着坏了下去，或者干脆心一横，什么都找不到，这事老子今天不干了，让时间自己去解决吧！而这也是拖延症开始的一大原因。

那么整理桌面究竟能给我们带来哪些好处？首先，整洁的桌面能提高你的工作效率，减少不必要的拖延。如果我们养成把文件及时归类、入档的好习惯，就避免了某个时候找某个文件但一时找不到的尴尬。将文件整理得非常有序整洁，可以大大提高工作效率，避免被无谓的事情拖延工作时间。当一本本资料、一个个文件被按部就班处理时，我们就更容易集中思想，做决定时会更加明智严谨。

再者，一个桌面整洁干净的员工会给周围人带来一种莫名的信任感。试想一下，偶尔老板来到你的办公室，发现你的办公室杂乱无章、办公桌上文件成堆却没有分类，你的老板把事情交给你做后，他的心里会踏实吗？他会信赖这样的你吗？甚至有些严谨挑剔的领导在看到你脏乱的桌面后，根本不会将重要的事交给你做。

最后，一个整洁的桌面还可以让自己的心情保持愉悦。当我们看到自己办公室、办公桌上的资料都摆放整齐时候，心情也会得到放松，同时，在紧张忙碌的工作中抽出一点时间整理资料本身就是一件让自己放松愉悦的方式。

拖延对抗术

整理办公桌也是非常讲究的一件事情,并不是随便理理,那只不过叫做收拾残局,而好的整理方式可以让我们事半功倍:

准备好文件筐、置物架

文件筐、置物架是必备"武器",它们可以瞬间让凌乱的文件、书籍找到合适的位置,不仅看起来整齐利落,而且也容易分门别类,找起来也方便,不会再为了找一份文件而翻开成堆的文件浪费时间了,工作效率也会随之提高。

用标签将文件分类

分类是收纳的基础,所有的东西都有各自的类别,整齐划一又明显醒目。可以将不同的类别贴上标签,"通知文件""各类补助""交通出行""部门活动",各种标签一贴,查找起来就更方便了。

固定一个位置好拿取

将物品固定位置,用完之后及时放回原来的位置,不容易丢东西,也便于再次寻找。在收纳的时候还要考虑到拿取的问题,经常使用的物品就要放在手边,不常用的可以放在稍远的位置,结合自己的座位和身高找到舒适的拿取方式,符合人体工学,让工作起来得心应手。

理顺桌面的各种电线

每个人的办公桌都会有几根电源线"趴"在上面,有的还会带手机、iPad、笔记本的充电线,桌面被这些线占据着,看起来凌乱繁杂,在这样的办公桌上工作心情都不好了。将各种线理顺,顺着一边归纳到一起,或者买一个集线器将线都收集起来,看起来就整洁多了。

一定要准备一个备忘录

工作一多,往往会让人手忙脚乱,这个时候一个小小的备忘录就可以帮我们将工作理顺,按重要级别分清楚就不会慌乱了。

可以自己制作也可以用日历,把明天的工作和日程活动安排好,放在显眼的位置,提醒自己,按照日程完成。

如果你个人对整理后的环境还不够满意,还可以添置一盆绿植,不仅是一道风景,还能帮你保护眼睛,避免一部分辐射。如果我们按照上述的办法长期保持桌面的整洁,拖延症也将因为小小的整理习惯而得到质的改变。

大家可能想不到,很多身上西装革履并且行为举止风度翩翩的朋友们,竟然会把办公室、办公桌搞得一团糟,而大多数朋友的理由莫过于忙、没时间整理等等。说到底,这并不是忙不忙的问题,这只是个习惯问题,他们还没有认识到保持办公室、办公桌整洁有序的重要性。更不会想到脏乱的桌面会让他们产生拖延的行为。

3. 不做无关的事,进入办公室立即投入工作

你是否习惯了上班时翻翻手机?看看微信有没有留言,顺便刷刷朋友圈,翻一翻微博,寻找值得分享的搞笑段子,等到你心满意足后,猛然抬头,却发现时钟又过了一个小时,你不禁感慨时间过得真快!可正当你准备抓紧工作时,结果"叮咚"一声,你低头一看,又有人回复了……

情景再现

田峥是一家IT公司的一名员工,他整天在朋友圈里发自己在深夜加班的状态,只有他自己心里明白,自己是因为玩手机、聊天消磨了太多工作时间,导致不得不加班。其实很早以前,公司领导就下达了任务,由于只有一个交工日期,也没有规定每天必须要完成多少,于是田峥看离任务交工还有些时日,就先放在一边拖着没做。

每天早上田峥来了的第一件事,就是拿出手机泡杯茶,然后开始看视频、刷微博,每天在网上孜孜不倦地发表自己的观点,他觉得干这种事情特别带劲,尤其是有人给他点赞的时候,那更是停不下来。虽然他也想过要干点活,可是一次次的动态提醒,让他彻底放弃了这个正确的念头。

直到交工前一星期,他才开始着急,为了能按时完工,他喝着咖啡熬夜加班,尽管已经火烧眉毛了,他竟然还是没有忘记要发个朋友圈。虽然工作最后完成了,但是他却因为熬夜时间过长,造成了永久性的肝损伤,这让他无比后悔。

理论链接

可以说,当下我们大部分的拖延症患者基本都处于这样的情况下,在工作开始之前,先干干这,再干干那,但都是和工作无关的事情,心里虽然想着:"娱乐完,我马上就开始工作!"结果一个不留神,一天过去了,到头来被拖延着的工作逼得加班加点迟迟都回不了家。

凡事都有重要和次要之分,首先我们必须要分清楚,才能针对拖延症来解决问题,娱乐没有错,但是必须要有个度,如果过分娱乐,那可能是会连工作都给"娱"掉的。

工作时间被耽误了,只能用加班来弥补。因此而失去了宝贵的私人时间,丧失了和家人团聚的美好、丧失了与朋友聚会的欢快、失去了宝贵的学习时间、牺牲了正常的休息时间,而且在急促的时间下工作,对身心健康也有不良影响。

反倒是工作并不会因为你心里着急就能更快地完成,事实上着急赶工,更容易忙中出错,漏洞百出。

三心二意就是拖延的衍生品,是行动的大敌,更是失败的源头之一。做一件事情只有专心致志,立即付出行动才能获得最佳效果,才能聆听到成功的召唤。只要一心一意地做一件事,遇到问题,就马上入手解决,就能从根本上摆脱掉拖延症。

拖延对抗术

锻炼一心一意做事的方法也有不少,下面就逐一分享给大家一些实用的小方法:

给事情定下结束的期限:

给每一件事情设定一个期限:干一件事情之前一定要给自己一个时间,这是对自己的基本要求。有了时间的限定,你才能合理地安排时间。例如,你规定吃饭必须半小时吃完,那就一定要在自己规定的时间内结束就餐,超过时间,哪怕没有吃完也不要再吃了。

给自己一个适当的奖励机制

加强自己完成工作的欲望,可以自己给自己设定,如果完成任务奖励给自己什么物质东西。例如:如果等下完成了工作,下班后就奖励自己去吃一顿必胜客大餐。心中有个可以实现的念想，人也就会更加有动力去工作。

用钢琴声让自己静下心来

如果工作环境实在太吵闹，条件又允许你带耳机工作，那你大可下载一点安静的纯音乐，音乐可以抚平内心的浮躁，使人沉下心来投入自己想做的工作中，咖啡厅和小书店中一般都会采取这样的方法使顾客的内心感觉更为舒适。

工作中做无关的事情让我们在不知不觉中浪费掉很多的时间，却什么也没有得到，同时还增加了拖延工作后所带来的压迫感，这种压迫感很容易造成对工作的逃避心理，所以，控制自己的念想，在工作前或者工作时，尽量不要做无关的事情。

4. 把手表调快，凡事提前五分钟去做

喜欢拖泥带水？感觉时间不够用？没有紧迫感？我们需要来人为制造一点压力！对于拖延症，我们必须更加合理地安排好时间，而掌握时间有一个非常好的办法，那就是将手表调快五分钟，这个办法简单易操作，而且行之有效。

情景再现

葡萄牙职业足球教练何塞·穆里尼奥自2016年入主曼联后，带领球队多次获奖，各路媒体将曼联吹上了天。穆里尼奥曾说："我不喜欢波澜不惊的海面。举个例子，我不喜欢现在人们把我的球队吹得天花乱坠，我认为太早了，我不喜欢这点。我更喜欢另一种方式，施压一点压力。时间控制是我给自己施

压的一种好的方式。"

穆里尼奥说:"我喜欢给自己施压,我喜欢带着手表,把时间提前。比如现在是下午 2 点半,如果我 3 点有事,我会告诉自己现在是 2 点 50 了。在我的工作中也是如此,我会加快时间,我总是认为有点压力是好事。"

理论链接

拿破仑曾说:"我的部队之所以能取胜,是因为他们能够比敌人早到五分钟。"

战场之中,提早五分钟就可以抢占有利地形,而地利在战争中是决定胜负的重要筹码。导致我们拖延的主要问题之一就是对于自己可用的时间没有足够的紧迫感,而调快五分钟时间,就能够随时给我们一个紧张的心理暗示,这样会让我们专注于对时间的控制。

若是凡事都秉承着"船到桥头自然直"的想法,我们的生活很容易陷入疲于奔命的状态。提早一点可能就会多几分胜算。提前准备总好过事到临头再着急,就为五分钟的赖床,划算吗?很多人一定有过这样的经历:一张地图告诉你赶到某地需要半小时车程,你卡着表提前半小时出了门,因为一点小状况,最后总是要迟到个几分钟。但是假设你比预计的提前五分钟出了门,不仅赶上了早一班的公交车,或许路上还没那么堵。只需要提前五分钟,与之相对的就是一路的淡定和从容,简直是太赚了。

放到任何地方其实也是类似的效果:提前五分钟,可以让恋人倍感温馨;提前五分钟,可以让客户感到备受尊重;提前五分钟，HR对你的面试印象就能极大改观；提前五分钟，就能换来一整天的从容不迫。

类似的某一件事，愿意提前预留几分钟的人，运气总要好一些。总而言之，提早五分钟可能会让一切都发生改变：让所有事情皆在控制之中，让对方对你的印象大为改观。

现在让我们扪心自问：五分钟到底能够做什么？

一曲音乐大约三分钟，五分钟一般放不完两曲；普通人的阅读速度大约为每分钟三百到五百字，一篇论文五千字左右，五分钟大约能看完一般；一部日本动漫二十分钟左右，五分钟只能看完四分之一。不过，准备开始做事前的五分钟，我们可以完成很多事，而且能够直接决定今天的工作效率。

开电脑，然后清理自己的办公桌面：10秒。把杂物搁置到位，可能只需用掉10秒左右，却能换来一天的舒爽感。将手机变成静音：3秒。这样你就不会再打扰到任何同事工作。选择登录你自己的邮箱，查看工作邮件，不用回复：两分钟，查看邮件，你只需要知道哪些需要回复，哪些需要处理，哪些只是了解就够了。这一系列动作只需要两分钟，但是它就能够使你在会前知道重要人士昨天是否给你发过邮件，从而可以有效避免在会上一头雾水，而且也能够对一整天大概的工作任务了然于心。

我们可以写下一个清单便条，审阅当天待办事项，并确定事情的轻重缓急，写个便条并查看事项只需要两分钟。接着就能优先选择重要事情开始完成，然后开始一天高效率的工作了。这时候，身边懒惰的同事们可能才刚擦着汗奔跑到打卡机跟前。

牛顿说过，时间是留给有准备的人的。高效率的工作是建立在完美时间掌控的根基上，而导致低效率的拖延则是衍伸于对时间概念的模糊性。提前五分钟，其实从根本上来说，是提前给自己做出了一个时间的预算，虽然我们认为自己没时间进行实践预算与时间规划，但是只要将时间拨快五分钟，这就能够在不知不觉中帮我们挤出更多的时间来。

时间拨快五分钟，就能够带来一周的高效率，在任何一天当中，我们会因为自己制造的时间紧迫感，会选择把精力更多的投入在重要的事情上。从这个角度来说，调快时间可以帮助一个人把自己的精力集中到最重要的事情上，从而更快地达成自我实现或职场目标，拨快的五分钟，可以使我们更好的脱离拖延症导致的拖延症困扰，把时间调快五分钟，更是为了让我们成为一个走在时间前面的人。

5. 把"黄金时间"都用在刀刃上

对于大多数人而言，一天中工作效率最高的时间节点都集中在上午，特别是你刚刚走进公司的那段时间。那时你精力充沛，注意力集中，思维活跃，可以说这时候最适合攻克任务中的难题，但这时大多数人都在拖拖拉拉，尚未正式展开工作。

情景再现

每天早上燕子都能早早地来到公司，到公司后，她总是趁着大家都还没来，先整理整理自己的工位，擦擦桌子，擦擦电脑。然后再不急不缓地泡上一杯咖啡，打开电脑浏览一下最近的新闻。

她从时政要闻转到社会热点,再到娱乐圈的八卦……不知不觉,一个小时的工作时间就过去了。这时她才开始工作,还没好好工作一会,习惯了晚睡的她就犯困了,哈欠连连的状态下她无法集中精神,只好把原本上午就用该做的事情拖到下午。

午休过后,她知道下午时间紧任务重,就打算先把一些相对困难一些的事情处理掉。但工作时她发现下午脑子变得晕乎乎的,反应出现了迟钝,这让她在工作时把一个方案改了又改,始终无法处理好。

不知不觉一个下午过去了,当天的任务又没有完成,她不知道下周一开会的时候该怎么和领导汇报……

理论链接

在以往,我们总认为自己出现了拖延都是因为没有做好时间管理,没有让任务与自己拥有的时间相匹配。在这样的认知下,我们强调的是把时间充分利用起来,争取让每一项任务都分到充足的执行时间,也让每一段时间都有事可做。我们认为这就是高效,这样就能避免拖延,但这样的认知使我们忽略了对自身意志力的管理。

处理任何一种任务都会消耗自身的意志力,再简单的任务也不例外。人一天中所拥有的意志力又是极为有限的,在同一天内,意志力总体上呈现出一个不断下降的趋势。如果你在任务执行中出现了意志力不足,那么即便是有充足的时间,你也很难做到高效率。

人在精神萎靡的时候会出现思维能力下降的状况。精神萎靡之下意志力出现了不足，而强大的思维能力则需要以充足的意志力为支撑，意志力不足，那么思维能力自然就下降了。

所以，一个高效率的工作规划并不是简单的任务和时间的匹配，它需要从任务、时间以及任务执行者的意志力这三个不同的方面去统筹规划。

鉴于一个人在一天中他的意志力处于一个持续消耗的状态，把他的意志力与一天的时间相结合，就会发现上午往往是一个人的"黄金时间"。正所谓"好钢用到刀刃上"。这段黄金时间也要用来处理一些重大的、相对困难的任务。而那些相对简单、琐碎的任务，因为他们需要耗费的意志力并不多，则大可留给下午或晚上。

当然，这样的安排只针对大多数人的大多数时刻。每个人因为自己长期以来形成了不用的生物钟，所以每个人的"黄金时间"点也会出现差异，而人的意志力又很容易受到自身情绪、外部环境等其他因素的影响而出现一些波动。因此，把握住"把黄金时间用在刀刃上"这一原则，根据实际情况和实际需要，灵活调整，是避免拖延，达到高效的关键所在。

拖延对抗术

在实际的生活和工作中，总会出现一些突发的事件来消耗我们的意志力，侵占我们宝贵的时间。针对这种状况，以下的这些方法能帮你留出更多的"黄金时间"，以便处理更多的"刀刃事情"：

用"断舍离"来精简周身的物品

我们发现，身边越来越多的物品不仅不会使我们变得越来越高效，反倒会在不知不觉中侵蚀掉我们很多时间，让我们在关键的任务上出现拖延。我们需要用"断舍离"的方法，来精简周身的物品。

"断"指的是不收不需要的东西，这是针对亲人朋友送来的各种礼物。如果你不需要，在不影响彼此感情的基础上能回绝尽量回绝。多余的物品需要花时间去处理，礼尚往来的"交际潜规则"也会侵占你很多时间，分去你很多的心思。

"舍"指的是舍弃掉没有的东西。一些没有用或者说使用频率极低的物品要选择性地清理掉。该丢弃的丢弃，该封存的封存，这些物品堆积在我们周身，就让我们不得不花费时间去整理他们，这同样会让我们分心。

"离"指的是放弃对物质的迷恋。现代社会，不少人都有强烈的物欲，时不时地就会出现想买点什么，或者得到点什么的欲望。物欲的蔓延会让我们变得急躁、焦虑，难以专注地去做一些事情。因此，离开物欲，持有"够用就好"的心态，把时间和精力以及注意力都用在重要的事情上才能确保高效率。

远离不必要的社交

本打算下班后总结总结这段时间的工作，却硬被几个同事拉去喝酒；本来计划好周末看一本书，却被相熟的朋友拉去唱歌……类似的事情我们经常会遇到，它们侵占掉了我们宝贵的时间，耗费掉了大量的意志力，却没得到任何好的回报。

在这个强调人脉和社交的时代，我们把越来越多的时间和精力都花在了深交上，这常常让我们感到心力交瘁。特别是那些不必要的社交，比如一些没必要去的应酬、可去可不去的聚会，这些其实是最耗人心神的。也可以说，不必要的社交是我们时间、精力以及注意力中最大的寄生虫。

因此，回绝不必要的社交能帮我们省下一大笔宝贵的时间。

节省时间并不是简简单单地把时间安排得满满当当即可，而是把最好的时间花在最应该做的事情上。

6. 培养有效的时间感知能力

我们都曾有过这样的经历，当你在餐馆里等女朋友到来时，明明只等了十多分钟，却感觉等了两个钟头。而在打游戏时，明明已经打了两三个小时，却感觉时间转瞬即逝，仿佛只打了五六分钟。这就是人在时间感知上出现了偏差，而这样的偏差很可能导致拖延。

情景再现

浩明在一所中学做历史老师，他在讲课时总是难以把控好时间。他自身对中国历史感兴趣，尤其是晚清的那段历史，兴趣极浓，在这方面他也研究得比较透彻。因此上课时一讲到晚清这段历史他总是很难控制好时间。

他在讲台上滔滔不绝地给同学们讲曾国藩、李鸿章这些人的传奇事迹时总会忘了时间，不仅会延迟下课的时间，往往一节课下来只讲了一些无关紧要的事情，而课本上的重点却很少讲到，这让他很是苦恼。

理论链接

随着年龄的增长，这样的感觉在我们的意识中越来越强烈——以前感觉遥遥无期的三年时间，到现在似乎变短了很多，三年的时间不过是弹指一挥间，转瞬即逝。时间过得越来越快，未完成的事务似乎越来越多，我们开始感觉时间不够用，变得越来越焦虑了。这都是因为缺乏有效的时间感知能力。

色彩的感知靠视觉，气味的感知靠嗅觉，温暖冷热的感知靠触觉，但时间这种看不见又摸不着却又实实在在存在的东西要靠什么感官去感知呢？用怎样的方法去感知才更精确呢？

人类自诞生之日起就一直为精确地感知时间而努力，这才有了沙漏、日冕等古代计时工具。后来随着技术的进步，又出现了各种各样的钟表，虽然这些计时工具越来越精确，但人们主观上感知时间的能力仍旧没有显著提升，甚至可以说一直处于一种扭曲的状态。

有人曾做过这样一个实验，实验者手拿秒表，闭上眼睛，在心里默默计算十秒的时间，然后按下停止键。这样的动作无论重复多少次，实验者都不可能准确地在秒表显示十秒时按下，秒表上的时间要么比十秒短，要么长过十秒。

这是因为在我们的大脑里，一分钟是相对的。同样是一分钟的时间，可以很快，比如考试的时候，也可以超级漫长，比如排队上厕所的时候。这是因为我们作为人类使用的是一个高度主观的类时钟机制在度量时间。

在我们大脑里也有像石英表这样记录时间的时钟机制，它就是大脑里的脉冲。每个人的大脑内部有一个起搏器，大脑里的脉冲就是由这个起搏器发出的，它就是体内记录时间流逝的时钟。

起搏器发出脉冲后，我们的大脑会收集起搏器发出的脉冲，开始累加,然后把脉冲的数量和大脑中依靠时钟等计时工具建立起的时间模型相比较。比如经验里一分钟大脑产生了五十次脉冲,那么我们的大脑就会把五十次脉冲的时间等同于一分钟。

但这个过程很容易出现偏差,首先是我们在建立时间模型时,仅依靠意识和记忆建立起的时间模型极不准确。再者,在累加脉冲时很容易因为不够专注或受到其他干扰而使得累加的脉冲出现偏差。最后的对比阶段也会因个人的情绪等内部因素导致对比失衡。这其中哪一环出了问题都将导致时间感知的不准确。

过长地感知了时间时会表现出过度的乐观,反之,会表现得过于悲观。过度乐观之下,我们会主动地拖延任务的执行,而我们悲观之下所产生的恐慌,也让我们变得拖延。因此,我们需要依靠精准的时间感知能力来对抗拖延。

拖延对抗术

为了避免过于乐观或过于悲观的错误时间感知所导致的拖延,以下这些方法能很好地帮到你:

建立事件时间日志

这个方法其实就是要求你在日常工作中及时地把完成每一项任务所花费的时间都详细地记录下来,在当天晚上做一个汇总。

比如:写稿子花费了120分钟,作图花费了90分钟,见客户花费了185分钟,这期间,刷微博花费了45分钟,聊微信花费了30分钟,和同事聊天花费了20分钟。

在这样的记录里,用在刷微博,聊微信以及和同事聊天上的时间显然是不必要的,这些事情的存在会侵占你一部分时间,进而影响到你对时间的准确感知。

建立事件时间日志并不是让你看到了时间是怎样流逝的，而是让你清晰地把控住每一点时间的准确流向。知道了时间都去哪了，才能更好地感知时间。

制作时间预算

在建立事件时间日志后的一段时间里，你对自己时间的流向逐渐有了一个整体上的把控。此时你可以尝试着制作一些时间上的预算。

根据以往的经验，把当天需要处理的事件条理清晰地罗列出来，并标明预算时间。在做时间预算时一定要给自己留出放松的时间，因为没有人能一直工作，留出放松时间是为了使我们对工作时间的感知更为准确。

做出的时间预算必须严格去执行，执行中仍需要记录完成每一项任务的实际时间以及完成的情况。这有利于时间预算的不断完善，也将使你对时间的感知越来越精准。

不够准确的时间感知会让人出现恐慌和拖延。如果你总是感觉时间过得很快，手里的时间越来越不够用，不要轻易地认为那是"忙"导致的，这其实是因为你对时间的感知出现了偏差。

7. 克服拖延，你需要一个截止日期

你曾答应父母忙完这段时间就回家住几天，陪陪双亲，但你一直都没回去。你也曾说过段时间就去找老朋友聚聚，但这样的想法最终也没有落实。你之所以会把这些想法一拖再拖就是因为你没给它们定下一个确切的截止日期。

情景再现

读研究生的时候，高冉每天面对的都是一篇接一篇让她头疼的论文。每次论文题目一出来，她都会给自己制定一个严密的任务执行计划。计划列表里列出什么时候开始阅读相关文献，什么时候搜集材料，什么时候开始确定方向等等，但这些都是一些任务开始时间，她的任务表里从来没有设定过任务的截止时间。

这就导致了她在每一次任务的执行中都会拖延。最近几天，她的任务是阅读相关文献，她也确实去图书馆找来了一大堆书籍，但她坐在那里没看一会就不耐烦了。她打算先刷刷微博，翻一翻朋友圈，休息一会儿再接着看书，但她拿起手机后就再也没放下，直到午饭时间的到来。

但她并不为此而自责，她想，反正还有时间，不着急，慢慢看。就这样任务一直被拖着，最后马上要交论文了，她只好把一篇东拼西凑来的论文交给导师。

理论链接

每个人的潜意识里都有一个及时行乐的观念，同时在面对一些较为棘手的问题或者难度较大的任务时，我们的潜意识里又会突然出现一种恐慌情绪。那些棘手问题和困难任务在没有了截止日期的限制之下，及时行乐的观念以及逃避恐慌的本能就主宰了我们的大脑。此时，我们会认为时间还很宽裕，不如先享乐，至于那些任务和问题，反正有的是时间，以后再去解决也不晚。

拖延就这样发生了。

但这是一种误判,我们会认为只要出现了某种契机,就会自那个契机开始去解决那些棘手的问题,处理那些困难的任务。比如你一直想创业,但你总认为自己还年轻,人生阅历还不够丰富,没找到合适的商机,你在等待一个契机的到来。但这样的等待很可能会无期限地蔓延下去,没有了截止日期带给你的恐慌感与紧迫感,你的拖延也就无法得到有效控制。

截止日期之所以能让我们避免拖延,提高任务的执行效率是因为,截止日期在带给我们紧迫感的基础上给我们划定了一个专注度的"红利区"。《稀缺:我们是如何陷入贫穷与忙碌的》一书中把人在截止日期前表现出的高度专注,超高效率的表现称为"专注红利"。截止日期的产生使得时间成了一种稀缺的资源,在时间紧缺的情况下,人会不由自主地调动起自己的所有能力,提升专注度,以确保珍贵的时间资源被充分地利用起来。在这种情形下,又怎么会拖延呢?

制定下截止日期其实就是主动地为自己营造一个"专注红利",以提升我们的专注程度和工作效率。同样,"专注红利"的效果也是由截止日期所决定的。

拖延对抗术

一个抽象的截止日期并不能给你带来很好的警醒作用,以下的这些方法能让你的截止日期更加形象化,也让你在截止日期的作用下更加专注和高效:

用加大加粗后的红色字体书写

一个只存在于你意识中的截止日期所发挥出的作用就如同

隔靴搔痒，并不能真正地对你起到提醒和警示的作用。你需要用加大加粗的红色字体把截止日期书写出来，并张贴在你执行任务的固定场所。

如果你面对的是一件极其重要的事情，比如某项重大考试、考核等，你可以把用加大加粗的红色字体写出来的截止日期拍成照片，并把这张照片设置为手机的壁纸。因为现在的人每天接触最多的物品就是手机，而手机也是导致我们拖延的罪魁祸首。把醒目的截止日期放在手机上，一方面能起到提醒的作用，另一方面也能减少我们玩手机的次数。

把时间视觉化

拿一张白纸，在上面用尺子画出一些围棋盘一样的小的方格，每一个方格代表一个单位时间。比如你会在一个月后参加一门重要的考试，那么每一格就代表一天，你要在表格中找到一个合适的空格来代表今天，并涂上绿色。再由这个空格往后延伸30个，确定截止日期的空格，涂上醒目的红色。

这就把今后一个月的时间视觉化了，之后每过一天，就涂掉一格，这样时间流逝也视觉化了，这种视觉化的时间单位和时间流逝会给我们带来更为强烈的紧迫感，它能促使我们提高效率，避免拖延。

建立奖惩机制

奖惩机制的核心就是暗示我们完成任务会得到奖励，逾期完成则会受到处罚。这其实是一种反馈实质化的行为，按时或提前完成任务会获得积极的反馈，逾期完成任务则获得类似于自责这种消极的反馈。

用实质的奖励来代替这些精神层面虚拟的反馈，能为我们带给更加强烈的刺激。奖励机制前面已经有所提及，这里要强调惩罚机制。惩罚的措施必须达到一定的力度才能切中要害，达到想要的效果。最好的惩罚方式就是暂时剥夺自己享受兴趣的权利，如果喜欢打游戏，给自己的惩罚可以是一周不打游戏；如果喜欢吃肉，给自己的惩罚可以是吃素一个月。惩罚的手段要公之于众，让别人进行监督，这才能更好地把惩罚机制落到实处。

充分利用好截止日期，让时间的紧迫感来治疗我们的拖延，让"专注红利"来提升我们的工作效率。

第九章

 从负面情绪中抽离，正能量治愈拖延症

1. 控制情绪:"我一烦就想'拖'"

在情绪不佳的时候,人的行动力就会大打折扣。而行动力恰巧是避免拖延的关键所在,一旦出现了行动力不足就很容易产生拖延。

情景再现

杜美美是一家影视后期制作公司的员工,她向来都是一个很情绪化的姑娘,在情绪稳定的时候她的工作效率很高,一个人能完成两个人的工作量。不过一旦她生气了,或者情绪低落的时候,情况就截然相反,她会什么都不想干,剪辑也拖着不做了,一个人连半个人的工作量都完成不了。

公司主管对她这个毛病也很头疼,曾多次劝导她调整好自己的心态,她也答应了,但是一到事情发生就又是老样子。最后,因为一部对公司很重要的电视节目剪辑工作在省电视台送审日期前没有按时完成,给公司造成了不小的名誉损失,杜美美被公司辞退了。

理论链接

情绪,是一把双刃剑,良好的情绪会使我们的工作效率显著提高，但是，消极情绪不仅危害我们的身体健康，也会对我们的工作产生不良影响，拿破仑曾经说过："能控制好自己情绪的人，比能拿下一座城池的将军更伟大。"当心情烦躁时，有些情绪化的人就会什么都不想干了，这种行为说得严重一点，无异于自毁前程。通常来说，一个人不能控制好情绪，就会给人不成熟、不稳重的印象。而工作和社交活动中这种形象是最不能给人安全感的。

拖延症有时候不是时间管理的问题，而是情绪管理的问题，后者往往会给我们带来更多的困扰。尽管逃避能带来一时的快感，但研究表明，这种刺激转瞬即逝。拖延不仅会给未来的自己带来时间压力，而且在你意识到自己拖延必要的工作是多么不理性之后，还会导致愧疚，自我价值感降低。

善于控制情绪的人，往往能真正掌握自己的时间，在具体的生活与工作中，那些善于进行自我情绪调节的人，在处理事件时，往往更娴熟，更能令人产生信赖之感。

拖延对抗术

出现情绪波动时，你需要找到有效控制情绪的方法，以防它继续侵蚀你的时间，加深你的拖延症。下面是一些控制情绪的方法，可以给我们带来一些帮助。

保持睡眠，不带情绪工作

必须做到每天早睡早起，保证足够的睡眠时间是克服情绪一个重要条件，只有身体健康、精力旺盛，你才能做到相信自己，健康的身体对人的意识控制力有非常显著的影响。

一个好身体可以让你对不良情绪有更高的抵抗力，在工作和睡觉之前，你甚至可以每天早晨和夜晚都对着镜子里的自己说："我能行，我的脾气我做主！"用这种方式来激发自己对情绪控制的自信心。

找到释放情绪的正确途径

我们可以经常做些耗费体能的运动，这种运动可以缓解因紧张而积攒的压力。也可以在情绪不良时去找要好的朋友倾诉一番，这种"倒苦水"的方法也会让我们的心情平静下来。另外我们也能借旅游来远离那些容易让人激动的环境，去除心理上的纷扰，等到旅游归来，原有的问题也许就显得微不足道了。要知道成功者一般都善于为自己的情绪寻得释放的途径。

改变思维方式，控制情绪

如果你认为你的悲伤、沮丧、愤怒、烦恼和忧虑是某些人或事带给你的，请立刻纠正你的思维方式！情绪往往产生于思考，也就是说，情绪是可以被控制的。不要总是想着谁、什么事、什么东西给你带来这些消极的情绪，而应该想任务或者东西交给我，必定是有人倚重我，在乎我，我肩负的责任重大，而且只有我能完成，我是被大家所重视的人。很多时候，换个想法就能换种情绪。只有这样去思考你才可以控制住自己的情绪。

让自己变得更积极乐观

乐观其实是一件很简单的事情，每天早上记得"哈哈哈"大笑三声，笑昨天的自己狭隘，笑今天自己的重生，笑明天将获得的成功。这样虽然看起来有点傻，但是也会让人在一定程度上忘却不快。

哪怕是喝口水，我们都可以试着去想：幸好我生在中国，而不是缺水的非洲，真是走运。即使是上班迟到了你也可以去想：今天就我一人迟到，大家都要看着我进来，这可是老板级的待遇。乐观，有时只是一个心态问题，当你试着学会坦然，就会发现乐观是多么容易。

要完美解决拖延症，那么学会调整自己的情绪就是一个最有效的解决方法，虽然要彻底根除拖延症需要漫长的过程，但是我们却可以从现在做起，控制情绪。

2. 忘掉为什么不做的自责、悔恨

你有没有发现，当你在抓着自己过去犯下的错误牢牢不放、反复自责、苦苦悔恨的时候，心里也会有一种莫名的轻松感？没错，你的自责和悔恨也是一种拖延。

情景再现

于晓茗是一位大四学生，毕业论文成为了他大学生涯的最后一个难题。虽然他与他的室友早已习惯了拖延懒散的生活，无论做什么事情都习惯于采取放一放到时候再说的态度，但是毕业论文这件事情毕竟关系到毕业与学位的问题，于晓茗不得不担心了。

眼看时间只有半个月了，他还什么都没写，虽然他与室友曾约好一起认真写论文，但是看着室友电脑屏幕上闪动的游戏人物，写论文这件事就被无限期的搁浅了。这段时间里于晓茗不停地重复着自责、悔恨的想法,他恨自己的毅力如此不济,恨自己明知不可为而为之的愚蠢,但是只要看到游戏他就又控制不住自己贪玩的欲望了。

直到交论文的前三天,于晓茗才从自责、悔恨的想法中醒过来,然而这时已经迟了,直到当晚花掉了他一年的存款——3000块才从论文贩子那里弄来了一篇速成的毕业论文。事后于晓茗自述:当时感觉自己的心在滴血,早知如此何必当初呢。

理论链接

自责、悔恨带来的压力有时候可以让人产生动力,同样过大的压力也可以把人压到不能动弹,当下,随着社会竞争越来越激烈,人们的生活节奏变得越来越快,拖延所带来的压力已经成为了一种社会性病症,而拖延后产生的自责和悔恨情绪,就像是压力的助燃剂,一件重要事情迟迟不做,所带来的自责与悔恨情绪,远比完成一件事后而没有做到完美所带来的自责感要重得多。

根据美国一家心理机构的统计,前来咨询的人士之中,希望消除拖延后自责、悔恨情绪所带来压力的个案几乎占到了50%。因重复拖延过程之后自责、悔恨情绪所带来的压力可能超出我们的想象,严重时甚至还会降低一个人的智商。该部门的最新调查显示,长时间处于拖延所带来的压力之下会加速脑细胞的老化,破坏学习和记忆能力,极有可能使人的记忆能力衰退。

拖延对抗术

面对种种拖延后所带来的自责与悔恨的情绪压力，我们应学会正确的调整方法。那么如何缓解压力，让这种负面情绪变为动力呢？

消除你的压力源

从生活中找到造成压力的源头是消除压力的第一步。你应该花几分钟思考一下，是什么原因让你每天都感到压力，是什么让你迟迟不敢行动最后自责悔恨，是什么人，什么活动或者什么事物给你造成的心理负担？然后拿出一张纸，列出清单，看看哪些事可以立刻消除，然后着手解决。

对于那些暂时无法消除的，寻找一些方法减少它们带来的负面心理。如果你的负面情绪是由于工作任务太重所造成，不妨重新安排一下时间，重要的工作先做，次要的放一放，待时间充裕再完成。

找到合适的释放途径

负面情绪对于每个人来说都是在所难免的。面对压力时，我们自己或许无法排解。此时，不妨将心中的不快说出来，或者通过运动、唱歌、大喊等方式宣泄出来。这样，你的不良情绪以及负面情绪所带来的压力自然得到了缓解。

学会进行日常调节

你也可以做一下深呼吸、冥想等。工作一天后，回到家洗一个热水澡；平时多吃一些能够振奋精神、消除疲劳的食物。同时，还应当注意多培养兴趣爱好，如各种运动、养花种草等。懂得知足常乐，做到问心无愧就可以了。

拖延所带来的自责和悔恨其实完全是一种多余的情绪，与其每天进行自责和悔恨，倒不如停止无休止的抱怨，卷起袖子，伸伸腿，立刻着手解决那些曾让我们自责和悔恨的事情。

3. 发挥情绪效能：心情好的人，工作效率高

虽然负面情绪会给我们带来诸多不良影响，但是如果情绪控制得当，将消极情绪化作了积极情绪，同样也会给我们带来良好的高效能反应。

情景再现

有两个青年一起北漂，关系很好，都是平时靠卖画为生的艺术青年，年纪大一点的叫黄涛，年纪小的叫李建豪，他们长期合租在一起，时间久了他们就以兄弟相称。

黄涛卖画，只看价格，客人价格出得高就卖，而李建豪卖画只看心情，客人与他聊得投机就卖，有时候遇上知己，甚至不要钱，免费送。久而久之，黄涛还是那个每天卖一幅画的黄涛，而李建豪却一天必须得画十几幅画去卖了，黄涛觉得一天画几十幅画必然画工非常简陋，对此他不屑一顾。然而自己站在李建豪的画作面前，就傻了眼，这简直就是又快又好！而自己根本就达不到这样的水平，这是为什么呢？黄涛决心要找李建豪讨教一下。

李建豪也不惜赐教，他说："老哥，起初我就只是单纯的在混口饭吃的基础上，想让人认可我的画，之后赞扬我的人越来

越多,口碑也越来越广,找我买画的人就越来越多,每天光是想象他们给我的赞扬,我就笑得合不拢嘴了,心里一开心,不知不觉画画速度也越来越快了。"

理论链接

保持一个好的心情,不仅工作效率高,同时也不容易在工作的时候感到疲劳,情绪又具有感染性,你的情绪,也会感染其他的同事,使得大家的心情都会愉悦。工作是枯燥的,所以为什么不让自己在枯燥的工作和生活中去寻找属于自己的快乐,去创造美好的每一天呢?

好心情是我们动力的源泉,只有拥有好心情才能看见好的风景,试问如果一个人总是愁眉苦脸又怎么可能会做出一番大的事业呢?成事者大多是胸襟坦荡之人,这样才能经得起批评,受得住赞扬。所以在做事之前,我们首先要让自己有一个好的心情。

当你悲伤的时候,你不妨背地里给自己鼓鼓劲,而表面上要学会自嘲,中外历史上有不少名人都是用这样的方法来渡过难关的。想要学会乐观,还必须要多和乐观的人打交道,因为情绪确实是一个会传染的东西,和乐观的人打交道,我们也会变得相对乐观;和悲观的人打交道,我们也就会变得更加悲观。

拖延对抗术

俗语有云"笑一笑,十年少",从医学的角度来说,开心的笑容可以增加肺呼吸功能,消除神经紧张等等一系列的好处。生活中保持开心,会觉得一切都是那么美好。人们常说爱笑的人运气都不会太差，因为笑容给人的第一感觉是温暖的，下面就给大家说一说，保持好心情的方法：

保持运动

在时间允许的前提下，可以早晨起来晨运，舒展开一天的筋骨，让身体充满活力。合理安排好自己的时间，不要为了多睡几分钟，而使自己的生活变得很匆忙。这样会让自己一直处于一个精神紧绷的状态，得不到缓解，又怎么保持好心情呢？

多听音乐、广播

音乐可以舒缓人的情绪，放松心情，每天在运动或工作繁忙之际可以选择一些轻音乐来帮助放松。听广播也是一个不错的选择，每天都有各种各样的事在我们周边发生，通过这种方式，不仅可以使我们对生活多一些了解，也可以使我们从中获得成长与乐趣。

与朋友相约

人是群居动物，是需要陪伴的，所以在闲暇的时间多约一些朋友，与朋友交谈，偶尔逛逛街、爬爬山，都是保持美好心情的有效方法，朋友给你带来的乐趣将是人生难忘的回忆。

帮助他人开心自己

大多数人在帮助别人的时候，自己也会感到开心，即使是一些微不足道的小事，例如给别人指路，关爱老人。所以建议在节假日或周末可以多参加一些志愿者活动，尽自己所能帮助身边的人。自己也能从中获得积极的情绪。

享受美食

吃东西可以减压，相信每个地方都有自己独特的美食，每天下班，约上家人或者朋友一起享受当地的美食，很少有人可以抵挡美食的诱惑。心情好自然食欲好，所以享受美食的同时也能舒缓情绪，释放压力，何乐而不为呢？

人生并不能事事遂意，我们总会遇到很多大大小小的问题、困难。没有人可以保证自己可以坚强地度过每个困难，我们难免会情绪低落、会生气、会难过。但是只要始终保持一颗向上的心，用正确的观念去对待遇到的困难，就一定能渡过难关，以最好的心态进入最佳的工作状态。

4. 用行动来克服恐惧、担心

做事切莫畏首畏尾，不肯付出，千万不要觉得"努力无用"，到头来也是一场空。不要给自己找借口站在原地驻足不前，每天消磨着时间然后还美名曰：修身养性。

情景再现

阿萨刚开始学习跳街舞的时候，整个学习班里，他是最胆小的一位，动作最不标准，身体素质也最差，学习任何姿势都比别人慢一拍。这让他内心变得非常自卑，胆子也变得越来越小，伙伴们在练舞的时候，他就光看不练，以免被大家笑话。虽然父母给了阿萨不少鼓励，但还是没有改变他的行为，不仅他自己痛恨自己的胆小，教练看在眼里也替他着急。

直到他的教练想出了一个强制性办法，教练每天晚上都带上阿萨到市里人最多的沿江步行街去练舞，不练完四首乐曲，不准停下脚步。阿萨感觉被人们围观非常难堪,但是教练根本不准他停下来。为了不显得那么丢人,阿萨只好每一次跳时都强迫自己的姿势变得更好看,就这样过了一个月,阿萨逐渐习惯了被关注的感觉,和他一起学习街舞的伙伴们也发现了他在舞步上的惊人变化。

直到有一天,教练给阿萨看了一篇晚报,其中有一篇题目为:倔强少年,每天用舞步诠释青春!原来他每天练舞的行为被记者发现并进行了跟踪报道,网上还出现了不少市民给他拍的视频,阿萨在本市出名了,从此以后,阿萨不仅每天坚持练舞,还积极参加各种街舞斗舞比赛,再也不会畏首畏尾了。如今,阿萨已经是一位拿过多次全国比赛奖牌的优秀教练,阿萨说,如果当年没有被自己的教练逼着去克服恐惧的话,今天的成功也不存在。

理论链接

荷马史诗《奥德赛》中有句至理名言:"没有比漫无目的地徘徊更令人无法忍受的了。"如果你一直停滞不前,一直不肯迈出那一步,那么,你将注定迷失在时间的洪流里。

其实,克服恐惧最好的方式就是行动。把买回来的书一本本地看完,把练习册上的题目一道道地做完,把制定过的计划一个个完成。当你真正静下心来去做这些事情的时候,注意力往往会高度集中,你根本不会有任何闲情逸致去哀怨,去感伤。你更加不会觉得害怕,因为你清楚地知道,当下的自己正在努力。而努力本身就是一种克服恐惧的力量。

虽然有时,我们仍旧会对自己产生质疑,甚至会杯弓蛇影,但每当我们对未来感到恐惧的时候,都告诉自己:别迟疑,别多想,闷着头干就行。没有什么比行动更能给我们安全感,更能填补内心的缺失了。

拖延对抗术

恐惧和担心并不可怕,关键是要能找到应对的办法,下面我们就来学习一下,如何用行动来克服做事情之前恐惧和担心的负面心理。

尝试夜跑

夜跑,是一个当下时髦又能提升毅力与勇气的方式。夜跑,就是夜晚时去跑步,这是一种公认的健康运动方式。下班后找个地方跑上十几分钟,时间短并没有关系,只要跑了第一次,很快你就会爱上这种大汗淋漓,挥汗如雨的感觉。这是一种青春的感觉,是一种可以闻到的,努力的味道。夜跑过后洗个澡,不仅会让你感觉很多事情根本没有那么难,还会让你觉得身心格外舒畅。

学会写月计划

把一件事变成一种习惯,研究发现大约需要一个月,所以,我们必须要先列出一个月的计划表,然后,把你决定要做的事情安排在每天的一个固定时段里,放进这个计划表中。例如,我们决定每天要看一小时的书,那么就可以写上,今天晚上8点到9点读书,然后要设定好闹钟来提醒自己,并且要确立惩罚机制,如果完不成,就要受到惩罚,这样才能监督自己。长期坚持一件事情,它就会成为一个你生活中的行为习惯,如果你不去做,内心就会开始觉得不安,就会自发催促你去完成,从而避免拖延的习惯。

向陌生人打招呼训练你的胆量

心理学研究发现,勇气是一种习惯。亚里士多德说:"强迫自己做勇敢的事能逐渐获得勇气。"如果你过分内向胆小,或者患有社交恐惧症,那么千万不要再畏畏缩缩,坚持每天向几个陌生人问候,例如对你陌生的邻居,千万不要害羞,这能明显改善胆小的症状,还可以培养亲和力。

其实恐惧是我们的朋友。恐惧恰好是一个指标,有时候它告诉我们不该做什么。但更多时候,它恰恰告诉我们该做什么。生命中获得的最好成就,最美好的时光,都源于问一个简单的问题:"最坏的可能是什么?"尤其是对于我们从小就有的恐惧。用理性思维,将你的行动运用在克服陈年的恐惧上。那我们甚至可以借助恐惧来实现伟大的梦想。

5. 绷得太紧时请停下来

在学习、工作、生活中,人们常常会精神紧绷,无论是高考结束后却为填志愿而紧张的考生,还是难得有个长假却还惦记着各项工作进展的工作狂人,或者和家人一起去旅游,却在途中还承受着驾驶疲劳的司机,有时候真的需要放松一下心情,好好享受一下轻松的感觉,因为紧绷感很容易导致负面情绪,而负面情绪往往就是拖延症产生的一大诱因。

情景再现

小娴年纪轻轻就独自创办了一家新媒体公司，而且把公司业务经营得如火如荼，可谓是职场精英。父母总催她找个男朋友，但是小娴觉得自己还很年轻，现在不该为这种事情付出精力，也不应该有点小成就就开始懒惰害怕辛苦。

她经常在员工下班了以后还独自留在公司处理各种事务，并且将每一天的时间几乎都安排得满满的，员工们几乎没有见过小娴给自己留出过休息时间。

由于小娴长期处在神经紧绷的状态，终于支撑不住，一日，在办公室晕厥了过去，被员工们送到医院治疗了一整天才苏醒过来。而当天，她本来有一场与某大型企业负责人的商谈，为此她争取了多日，好不容易才将人约出来面聊，却因为身体原因错失了。

理论链接

几乎每个人都有过由于紧张而惨败的经历。比如，考试的时候，全身肌肉僵直，心跳得好像无数个小炸弹在身体里依次炸开，手指发抖，头冒虚汗，原本记得滚瓜烂熟的知识，全都潜藏起来；原本胸有成竹的答案变得似是而非，思路像泥鳅一样滑走……工作面试的时候，要么扭扭捏捏不够大方，无法表现自己的真实实力，要么口若悬河躁动不安，拿捏不准问题的实质，只得用不停的述说来掩饰自己的紧张，往往适得其反……比如和朋友约会，本想声情并茂地讲出自己的情感，不料面红耳赤嘴笨得不行，闹出误会贻误了终身的幸福……悲惨的例子就不一一列举了，相信每个人都储存了一大堆类似的往事。

理疗医学上说，绷紧的神经是需要得到充分休息才能恢复正常工作机能的。研究调查也表明，人的工作效率随着时间变化，是呈现波浪状分布的，而工作效率又与疲劳值成反比，在疲劳值最高工作效率最低的时间段强行工作，不仅工作效率会比普通时间段更低，身体的疲劳值也会加倍的增长，对人脑记忆力、体能、思考能力等带来的损害也会大大增强。

拖延对抗术

紧张其实是可以缓解的，如果有合适的方法，紧张的情绪甚至是完全可以消除的。下面，我们就一起放松心态，看看有哪些事情，可以帮助我们缓解紧张的心情，舒展我们绷紧的神经：

打盹是最简单高效的首选

如果你感觉疲劳或者精神太紧张，只需闭眼10分钟。打一会盹，精神就会好很多，十分见效。而且打盹基本不怎么限制地方与环境。春困夏乏等等这都属于正常的生理现象，如果出现这种状况千万不要强行挺过去，如果条件允许，顺应身体的感觉，打一会儿盹，以精神满满的状态开始工作岂不更好？

创造明亮的室内环境

如果你白天在家中经常犯困或者感到压抑，那可能和家里的明暗程度有一定关系，你需要扩大窗帘的开口，让阳光更多的直射进来，增加室内的亮度，或者把家里的灯具换成亮度更高的，因为屋里光线的明暗程度会对心情造成直接影响，高亮度的环境会让人的精神更加集中,而阴暗的环境会让人感觉压抑。

经常做做伸展运动

我们身边不少坐办公室的朋友,基本上都处于亚健康状态,经常会有头晕脑胀的现象发生,其实还有很大一部分是因为全身肌肉僵硬导致的。所以在神经处于紧绷状态时,站起来,用手给我们各个地方的肌肉按按摩,压压腿,做一做下上下蹲,这样就能有效改善血液循环,让肌肉和神经得到充分放松。

平时采用腹部呼吸法

大多数人平时都是采用胸部呼吸法,而腹部呼吸法则能让我们拥有更大的肺活量,让我们排出更多让身体感觉疲劳的二氧化碳,从而放松身心。采用腹部呼吸法时,我们要调整到舒适的坐姿,观察自然呼吸一段时间。右手放在腹部肚脐,左手放在胸部。吸气时,最大限度地向外扩张腹部,胸部保持不动。呼气时,最大限度地向内收缩腹部,胸部保持不动。循环往复,保持每一次呼吸的节奏一致。细心体会腹部的一起一落。经过一段时间的练习之后,就可以将手拿开,只是用意识关注呼吸过程即可。

掌握了合适的方法后,就应当合理的利用起来。不要让自己每时每刻都神经紧绷,紧绷状态时十分容易导致工作和学习上的失误和偏差,更容易导致极端情绪引起的拖延症。适当的放松是有益于身心健康的,拥有了充沛的精力以及愉悦舒适的心情,做事才可能不拖延,得到事半功倍的效果。

6. 给自己积极的心理暗示

心理暗示是指人接受外界或他人的愿望、观念、情绪、判断、态度影响的心理特点。是人们日常生活中，最常见的心理现象。而积极的心理暗示，常常有助于我们适时调整心态，完成学习和工作任务，解决拖延症带来的种种问题。

情景再现

老张喜欢新鲜空气，几近痴迷。一年冬天，他到一家高级旅馆住宿。那年冬天奇冷，因而窗子都关得严严实实的，以防寒流袭击。尽管房间里舒服无比，但他一想到新鲜的空气一丝都透不进来时，就非常苦恼，辗转难眠。到了夜晚，老张实在无法忍受，便捡起一只皮鞋朝一块玻璃样的东西砸去，听到了玻璃碎裂的声音后，老张才安然进入梦乡。第二天醒来，展现在老张眼前的却是完好如初的窗子和墙上破碎的镜框。

理论链接

长假前最后一天上班，因为心里总是兴奋地想着长假的计划，结果平时做起来很慢的工作却提前做完了；考试时紧张得一塌糊涂，结果在心里对自己说这只是一个小测验，又不是生死存亡的时刻，就会渐渐地发现试题的答案开始浮出水面？其实这些，都是因为我们给自己不断进行积极心理暗示所产生的效果。心理暗示如果运用得当，有时候甚至还会发生不可预料的奇迹。

二战前苏联一位天才的演员N·H·毕甫佐夫，平时严重口吃，但是当他演出时却克服了这个缺陷。所用的办法就是利用积极的自我暗示，暗示自己在舞台上讲话和做动作的不是他，而是剧中的角色，这个人是不口吃的。凭借这种奇特的心理暗示法，毕甫佐夫彻底克服了口吃的问题，这就是属于一种积极的心理暗示所创造的奇迹。

望梅止渴的故事大家应该都听说过，其实不止曹操，我们每一个人，或多或少都会进行心理上的暗示。积极善意的心态，往往会给出积极的暗示，使人得到战胜困难、不断进取的力量；反之，消极恶劣的心态，则会使人受到消极暗示的影响，变得冷淡、泄气、退缩、萎靡不振等等。

拖延对抗术

学习正确的心理暗示方法，可以避免产生负面情绪，好的心理暗示法，也让我们能够更好的对抗拖延症。有些经过心理学专家证实行之有效的积极心理暗示的语言，若是成功运用，将对我们的生活大有帮助：

虽然难受，但我完全可以忍耐

面对炎热、疼痛、劳累等等，当你压力较大或感觉难以忍受时，你只要在强迫自己行动与忍受的同时不断告诉自己："虽然难受，但是我却完全可以忍受。"那么你的内心与全身肯定会瞬间充满一股勇气与力量，继而压力便会随之而减轻。

我能行，我很优秀，我可以做到

这句话通常是销售工作者们的入职座右铭，销售不是一个简单的工作，脸皮太薄做不好，心理脆弱做不好，销售人员遇到的打击比我们绝大多数人都要更多。失败所带来的心酸，在他们的身上几乎每天都在重复上演，他们的团队常常站在大街上大声喊出这样的话，在我们看来可能觉得是一件很丢人的事，但是事实证明，这是一个破除心理障碍增加勇气的心理暗示法。没有这句话作为信念支持，那些销售人员可能连一个月都坚持不了就会离开他们的岗位。

好的心理暗示法处处都有，生活中就能发现很多，并且随时可以拿来存为己用。我们需要努力克服消极心理带来的影响，而最有效的方法就是对自己进行积极的心理暗示，把"不可能"变成"不，可能"，把"我不行"改成"不，我行"。这样才能发挥积极心理暗示的能动性，根除掉拖延症。

7. 让工作氛围积极起来

你是否在充斥着哈欠声的办公室里工作过？你是否在同学们困意朦胧的教室里学习过？你是否遇到过那些整天在你面前怨天尤人，让你感到压抑的人？你是否因为这些环境带来的不良情绪而倦怠、拖延过自己该做的事情？记得千万要避开那些环境，避开那些人！千万不要以为，心正则不染，而事实恰恰相反，对于大多数人而言，情绪是会传染的！

情景再现

秦洋是一名业余跑步运动员，加入了市田径爱好者协会，他的身体素质很好，平时也很自信。每个周末的晚上，田径爱好者协会的成员都会组织成员进行田径比赛，秦洋总是能够在每周比赛的各个项目中拿到冠军。直到有一次，比赛中来了三位省级运动员，结果比赛结束后秦洋连前三都没有入围。秦洋不太服气，认为是当天状态不好，于是和三位运动员约好过几天再决一次胜负，然而第二次比赛，秦洋又是最后一名，而且比上次被拉开的距离更远了。

三位友好的运动员看出了秦洋的疑惑，而且觉得他对于田径有强烈的取胜欲望，于是就邀请秦洋隔天来他们训练的地方参观。早上7点秦洋就来到了省田径场，他本来还在想是不是来太早了一点，结果推开半掩着的门，看见的却是一大批运动员已经在挥汗如雨的训练了，教练告诉他，这批运动员每天凌晨4点半就开始训练，由于大家都渴望获得全国赛的参赛名额，这其中竞争激烈的程度甚至会迫使个别运动员一天训练长达八个小时。秦洋也算终于明白了，在这样积极的训练氛围下，他一个业余爱好者又怎么可能和这些每天处在激烈竞争中的运动员相比呢？

理论链接

孟母三迁，不过是想让儿子拥有一个良好的学习环境，所以直到搬家到学府旁侧，才安居下来。常言道：近朱者赤，近墨者黑。这是一个虽古老但含有一定智慧的哲理。虽然这不是绝对的，但是，实际生活中能做到出淤泥而不染者，实在少之又少。

一个令人愉快的工作氛围是高效率工作的一个很重要的影

响因素，快乐而有序的气氛对提高我们工作积极性起着不可忽视的作用。如果工作的每一天都要身处毫无生气、气氛压抑的工作环境之中，那么我们怎么可能会积极地投入到工作中呢？

融入积极的氛围非常重要，有时候一个好的工作氛围直接影响到个人和团队的工作业绩，但是氛围却是一个看不见摸不着的东西，也并不是一开始就存在的，氛围的创造因素还是人，如果想要拥有一个积极的工作氛围，最好的办法就是自己用行动来感染周围的人，来创造氛围。

研究发现，人类大脑的神经元就像一面镜子，能够直接反射出别人的动作，而且镜相神经系统不仅能对人的动作做出反射，也同样能够对人的面部表情和情绪做出反射，看到面露恐惧的人，你也会感到恐惧；看到欢乐的笑容，你也会心情愉快。有的时候我们会说："我能感受到你的悲伤。"所谓的感受源于看见。经常看到有人抱着哭成一团，是因为他们的情绪在相互感染着。

有不少学生，考上大学的原本的目的只是想好好学习，将来报效社会，可是在进入大学后，由于脱离了父母和老师的严格管教，接触到了更多新鲜事物，看到周围同学整天沉迷游戏、恋爱等，便也逐渐被感染，玩物丧志，成绩也严重下滑，有的人甚至连毕业都成了问题。有时候我们不能像孟母一样选择自己的工作和学习的环境，但是我们完全可以凭借个人的力量去改变这个氛围。工作学习的氛围最终还是由人来创造的，不要和你的同事们一起抱怨工作有多难，加班有多烦，这只会让你产生更严重的拖延症，你需要用自己踏实的行动来解决问题，来感染周边的朋友就可以了，久而久之，身边的氛围就一定会得到改善。

拖延对抗术

营造出一个积极的工作氛围，你可以从以下几方面入手：

制造一些小的仪式

比如每天早上到公司后先把当天要完成的任务读一遍，最好让附近的几个同事听到，并且坚持每天做。久而久之，你的这种行为就会形成一种仪式，它能带动起很多同事来效仿。

这样的小仪式有很多比如：早操、早读、午间操、下午茶话会、加班时的小游戏等等。每天坚持做，最好能把公司的一些理念融入进去，让自己在工作的间隙感受到文化氛围，并能促进同事领导之间的交流。

制定有趣的自我奖罚机制

当你犯了错误之后，主动要求自己做50个俯卧撑。当你提前完成任务时，可以给自己定一大份美食，作为自己的午餐。这样的奖罚措施一定要让同事觉得你"行为乖张"，最好能让一些同事感到有趣。久而久之你的这种奖罚分明，充满活力的自我监督机制会让整个办公室都充满活力。

在办公室里不要忽视自己的力量，要相信，凭着自己的行动也可以营造出一个积极的工作氛围。

第十章

终结拖延症,改变错误的认知模式

1. "我天生就爱拖延"——最可怕的事情是全然接受自己

全然接受自己是一件很可怕的事情,这很可能意味着你会置自己的缺陷于不顾。例如你在拖延的时候总说:"我生性散漫,天生爱拖延。"

情景再现

27岁的王萌在北京开了一家公关咨询公司,一年下来接了约100个案子。她每天都在全国各个城市旅行,很多时间是在飞机或者火车上度过的。

她相信与客户保持良好的关系非常重要,所以经常利用乘坐飞机或者火车的时间来写短信邮件,以期用尽快的时间发给他们。

一位同机的旅客在等待领取行李的时候,跟她攀谈了起来:"嗨,你好,我叫肖琳。很高兴认识你。"

王萌:"你好,我是王萌,在一家公关咨询公司工作。"

肖琳:"我在飞机上就注意你了,你在两个多小时的时间里一直在写邮件,我敢说,你平时的时间一定很不够用吧?"

王萌笑着说:"不,我平时私人时间还是很多的。"

肖琳惊讶地说:"你平时为什么不愿意分散时间来做这些事

情呢?"

王萌说:"工作时抽不出时间,是我的职业上的一大缺点,但是我不能接受这个缺点,而且让它影响到我的生活中来,我唯一能做的,就是在工作的时候,尽全力解决掉他们。"

理论链接

有时候,我们决不能对自己的性格过于诚实,即使知道有些问题是我们性格中的弱项,也绝对不能选择向弱点妥协。

我们有没有遇到过这样的情况?清晨六点闹铃响起,我们会将闹钟关闭然后继续躺在被窝,尽管睡不着,但就是不想起来!全然接受了自己的懒惰、拖延,而这些理由足够让我们远离成功!将很多事一推再推,然后到了非做不可的时候又应付了事,这就是我们为什么办事不好的原因,无非是因为没放在心上,喜欢拖延,不敢面对。

人的一生中,经常要跟自己懒惰的心魔对抗,要逼迫自己去做一些不想做的事情。如果一个人总是对自己妥协,总是让欲望和懒惰控制自己,那最后往往一事无成。每个人一天都只有二十四个小时,非常公平,不能说一个人累了想休息,上天就会多给他一段时间。不对自己妥协是一种良好的性格习惯,当你养成这种习惯时,就会拥有强大的定力,能控制自己的身心,也能战胜自己的缺点。

那些迟迟不能面对自己缺点的人,也并不是从一开始就放任自己。这些人或许曾无数次想过要改变自己,但却从未去想过怎样找到一个合适的方法来解决问题。长久下来,他们就认为自己是块烂泥,怎样都扶不上墙。无法改变自己的缺点,就开始自暴自弃。有的时候外界压力的缺失也会导致一部分人放任自己。在一个我们习惯了的工作环境下，如果要改变其自身的习惯，是非常困难的事情，如果整个公司的工作习惯都已经形成，员工长期处在散漫的工作环境下工作，那么他们是不会愿意突然之间加快节奏的，即使有人想过这样的问题，但是也会由于身处没有压力的环境，而迟迟不去改变。即使想改变，大部分也只是三天打鱼两天晒网。

群体性的散漫会让个人也逐渐散漫。如果身边存在大量懒散的人员，自己也难免被他们的习惯所感染，处在社会中，或多或少会受到大环境的影响，如果我们的意志力不够坚强，身边又围绕着懒散和不思进取的人，时间长了，保持一个勤奋的状态是十分困难的，我们会觉得，别人都轻松安逸，我这么辛苦，又是何必呢？反正大家都这样了，干脆一起偷懒呗。

如果对自己的缺点一步步妥协，其实也就意味着我们正在一步一步走人生的下坡路，下坡路是舒适的，而攀登高峰的路，从来都是艰难而陡峭的。

拖延对抗术

不对自己的缺点妥协，其实大部分人的内心并不愿意随波逐流、苟且度日，只要找到合适的方法，其实我们都可以勇敢面对自己的缺点：

懒惰时，扇自己一耳光

体罚也并非一无是处，教育学家调查发现，疼痛感能够使我们的神智更为清醒，使我们的判断更加准确，所以在我们懒惰、散漫、无法说服自己内心的时候，果断给自己来一巴掌，狠狠地骂自己一顿，这样的做法用来对付懒惰有意想不到的奇效。

吃饭吃半饱

现代科学表明，人在饱腹之后，供应大脑的血流量降低，容易产生疲倦、懈怠的感觉，而且还能让我们感到精神空虚，而这种空虚感往往会让我们处于身体的低谷状态，让身体不想行动。所以，吃饭吃半饱，其实是让我们更加上进的科学方法。

作为工作者，永远不能对自己的工作状态感到满足懈怠。学海无涯，我们每个人都应该在工作之中不断争取进步，只有在这种思维习惯下，我们才能彻底抬起头来，向自己的每一个缺点发出挑战。

2. "我太忙了，没时间"——拖延不是因为没时间，而是时间太多

患有拖延症的人最常用的借口就是"没时间"，但真正没时间的人是从来都不会拖延的。一个人之所以拖延，无非是因为他认为时间还很充裕，充裕到足以拖延下去。

情景再现

孙璐和闺蜜郝灵一起报了 Photoshop 的初级网课，打算通过学习提升自己的修图技术。她兴致勃勃地装好了软件，小心翼翼地把素材包点了保存，立志在一个月之内学完。但做完这一切工作之后她的素材包逐渐从桌面转移到了硬盘，又从硬盘转移到了网盘。

从此这个素材包孙璐再也没有打开过。

一次闺蜜郝灵突然问她:"为什么我在online课上总也看不到你?"孙璐解释自己最近工作太忙,没时间听课,她打算忙完这段时间再好好学。

但孙璐在微信上向郝灵解释的时候却和同事在路边的烧烤摊上撸串喝酒,而在最近几天,孙璐几乎每天下班后都是如此。网课被一拖再拖,最终一节也没好好听完。

理论链接

事实上,不是我们没有时间,而是我们不懂得珍惜时间。大部分人普遍都存在这样的情况:上班的时候混日子,聊天玩手机,等到快下班了,就开始进入"我没有时间"的模式,被必须完成的任务逼到毫无喘息之地,乍一看是一个大忙人,实际上却只是疲于应对那些拖延到最后才做的任务而已。

而我们大部分人,只是在玩游戏、玩扑克牌、搓麻将、看电视、看球赛、玩手机等活动上浪费了大量不应该浪费的时间。而那些爱说自己没有时间的人,很可能是因为在适合的时间没有做合适的事情。这类人,其实每天都有着充足的时间,只是都没有用在正事上,上班的时间用来玩手机,聊天,刷朋友圈;在家的时候,时间用来玩游戏,和朋友出去逛街吃饭。等到任务截止日期来临时,他们就开始临时抱佛脚,扮演出一副"天下我最忙"的样子,其实他们只是习惯了拖延,事情不到最后绝不动手去做。

思维的混乱也会让人感觉自己总没时间。这类人整天感觉忙忙碌碌,其实连他们自己都不知道自己究竟在干些什么,因为他们没有整体上的逻辑思维能力,通常都是这边事情干一点,那边事情干一点。这些人分不清任务的轻重缓急,往往把不着急的事情先做了,再开始做最紧急的事情。等到旁人一提醒,或者上司一顿教训,他们才发现自己的错误,并开始最后的紧急赶工。

个人的工作技能不熟练同样会导致时间不够用。这种情况经常发生在刚毕业参加工作的人身上,由于没有受过专业培训,也没有经历过大量工作任务的打磨,对于工作软件的使用熟练度远远低于其他同事。他们看起来总是一副很忙碌的样子,事实上手头上的任务量屈指可数,他们纯粹是因为焦急而显得忙碌,并不是看起来那么繁忙。

已经被我们浪费的时间,是无法弥补回来的,我们能把握的时间,是从今天开始的每一天,我们要把这些学习和工作时间,以及业余时间进行合理的计划和分配,用来学习工作,用来学技能,这样我们就会逐渐克服拖延的毛病。

拖延对抗术

我们每天的时间都是同样多的,每人24个小时,谁也不多一分谁也不少一秒,所以如何提高效率,如何在固定的时间里做出更多的事情就成了我们最需要研究的问题:

学会利用辅助工具

在当下的信息化社会,各种手机工具层出不穷,想当一个优秀的工作者,如果我们只会用个微信、刷个微博、玩玩QQ,未免太对不起"现代人"这三个字。

例如,公关公司的人员完全可以在接待人物或者去考察时提前上网预定酒店或机票;如果是一个微信编辑,完全可以使用简易的编辑排版软件进行一次性排版,而不必费尽心思去用麻烦的办公软件整理；业务员去向客户介绍自己公司的业务时，完全可以用易企秀这种微场景编辑软件做出华丽的手机页面，而不用死磕PPT，劳心劳力地抱着个笨重的笔记本电脑跑去商谈。

多读书，给自己充电

很少有人可以做到持续输出而不补充能量，这就需要我们进行大量的学习。在已经参加工作的情况下，除了工作经验外，书籍无疑是最好的老师，但是我们千万不要看一些与自己所遇问题不相关的书籍，这只是在浪费时间。读书讲究精，而不讲究量，有时候一本好书提供的参考意见能使我们受用好多年。书籍带来的丰富知识填补了我们搜索不到的知识空白区。

面对现实，不要欺骗自己

有时候我们很喜欢欺骗自己，明明是自己业务水平不高，却偏偏要骗自己说工作任务太繁重，正视自己的能力是一件非常重要的事情，只有正视自己了，才可能去提升自己，去想办法解决问题，不然的话必然会用一大堆的借口让自己"显得很忙"。

"没有时间"绝对不是拖延症的理由，这是个人问题，往往无关其他的人和事，只有提高自身工作效率，充分利用时间，才能够解决"没有时间"这句话所带来的拖延症。

3. "哎，今天又要加班"
——加班可以向领导展示自己努力刻苦

其实，每一条"晒加班"的朋友圈都不是晒给同事，朋友看的，员工"晒加班"是为了给他们的老板看。当老板在他晒出的"加班照"下点了一个醒目的"赞"时,他们如愿以偿,满心慰藉,但老板在点赞时,真的就赞同加班这种行为吗?

情景再现

同事小魏几乎每天都会加班,有的时候甚至还会加班到十一二点,每隔几天他就会在朋友圈里晒出自己的"加班照",他每晒一次"加班照",就一定少不了同事的恭维和领导的关心。在所有点赞的人里,最让小魏感到安慰的是老板的那个"赞"。就这样,在一片赞许声中小魏成了公司里公认的最"上进"的员工,小魏也因此扬扬得意。

但时间一长小魏就发现,领导和老板虽然总在他"加班照"下面点赞和嘘寒问暖,却从来不在某个会议上公开表扬他,工作时也从不对他另眼相看,更不给他安排重要的任务。

理论链接

靠加班来引起老板的注意的确是一种好方法,毕竟每一位老板都喜欢勤奋的员工,而加班则能很好地表现一个员工的勤奋程度。但引起老板的关注和被老板重用是两回事,老板虽然喜欢勤奋的员工,但在老板们的眼里实实在在的工作业绩才是衡量一个员工优秀与否的核心标准,如果一个员工经常加班,但他的工作业绩却平平无奇,这只能说明该员工作效率低下,能力有限。

曾经,在大多数日本企业家眼里,那些总是忙忙碌碌,经常加班加点的员工才是好员工,如今却不一定了。

现在日本的一些公司正试图以缩短工作时长的方式来吸引人才,著名的打印机制造商理光甚至推出了晚上八点以后禁止工作的硬性要求,而知名服装连锁店优衣库的运营商——迅销,正在酝酿四小时工作制,以此来迎合那些想要更好地平衡工作和生活的员工。迅销总裁柳井正表示:"即使工作时间很短,但我们将向业绩较高的员工支付更多薪酬。长时间的工作不一定带来更高业绩。"

抛开加班与工作效率之间的关系,单就加班这种行为本身而言,它也不见得就能被老板真正认可。

要知道"八小时工作时"是有法律规定的,1994年通过的《中华人民共和国劳动保护法》中将新工时制度上升为法律制度的同时也强调了两个"不超过",即规定,"国家实行劳动者每日工作时间不超过8小时,平均每周工作时间不超过40小时的工时制度。"因此,员工加班是与法律精神相违背的。

鉴于加班的低回报率,大多数老板也不愿意支付高昂的加班费用。这也是为什么很多公司都没有设置加班薪资的原因。

如果一个公司中,员工普遍存在加班的现象,老板看在眼里,不仅不会感到欣喜,反倒会产生一些顾虑。员工普遍加班很可能是因为工作安排不够合理,管理制度存在漏洞,或者整个公司的运作不够高效,这都将给老板带来心理上的压力。

老板们最讨厌的还是公司内员工普遍喜欢用无缘无故的加班,来营造出人人都很上进,人人都很忙的假象。这种氛围一旦形成,很多本可以按时下班的员工也不得不随大流接着加班,久而久之,他们会因为不能按时下班,有意拖延工作,这种现象将会影响到公司内部以及团队内部的运作效率。

可以说"加班可以向领导展示自己努力刻苦",这只是一些涉世未深的员工单方面错误的认知,现在老板们真正喜欢的员工都是高效、专注能按时上下班的员工。

拖延对抗术

虽然加班并不是一件好事,但很多时候加班却是无法避免的,下面的这些方法能帮你在加班后得到领导的肯定:

改晒加班时间为晒工作业绩

在工作上付出更多的时间并不能说明什么,在一股"晒加班"的热潮之下,不少老板都对员工"晒加班"的行为产生了反感。在这种情形之下,你可以把晒加班时间点的行为,改为晒工作业绩的行为。

比如在某次加班之后,你可以晒出自己超额完成了多少工作量,工作质量提高到了怎样的高度。但这样的晒一定不要太过频繁,过于频繁的晒就成了作秀,要选择性地把自己最得意的工作成果晒出来,最好再配上一些"心灵鸡汤",这样做可以让你的"晒加班"变得文雅、励志而又不失谦逊。

把加班藏起来

如果你在某项新的任务上表现得不够理想,总出现不能按时完成任务的现象,因此不得不进行加班。这样的加班一定不可以晒,你要把这样的加班"藏"起来。一旦你在这时"晒加班",很容易让老板把你的"后进"错当成"上进",当实际的工作效率与老板心目中"上进"的你出现落差时,你在老板心中的形象会大打折扣。

不要再妄图用加班来引起老板的重视,工作时高效专注,业绩上遥遥领先的员工才更能受老板们的青睐。

4. "越到最后我才越有激情和爆发力"
——瞧！我不努力也能把事情做好

有人曾经向列宁汇报一项工作，说准备从明天开始去做。列宁反问道："为什么不从现在开始呢？我们要走在时间的前面，打足提前量，考虑可能出现的问题，不要等到最后一分钟动手。你要明白，最后一刻拿出来的东西，质量好不到哪儿。"

情景再现

平时朋友们都打趣小坤："你就是靠着'截止日期'才活到今天的。"小坤有严重的拖延症，不管做什么，不拖到最后一刻他从不会去做。大学的时候，大家都在忙着写毕业论文，只有小坤每天悠闲地打打篮球，逛逛校园，他还说："写论文的时间有的是，在大学里的时间可不多了。"

就这样，论文答辩的日期一天天逼近，眼看着只剩三天了，小坤开始了加班加点。上午在图书馆找来一大堆参考书目，下午就开始写，写到晚上没写完就去外面的酒店里通宵写。第二天上午写完后下午又忙着排版，第三天拿给指导老师修改。最后能言善辩的小坤顺利地通过了论文答辩。

私下里他还嘲笑别的同学："你花好几个月写出的论文还不如我三天写完的，你看我一次性通过答辩，你还得二辩。"后来学校论文抽查，小坤很不幸地成了班里唯一一个不合格的，他的论文抄袭过度，被学校打回来重写。

理论链接

大多数拖延症"患者"都像小坤这样，一直以来都在靠"截止日期"来维持正常的生活秩序。"截止日期"就像一条警戒线，它的英文称为"Deadline"。

在拖延症"患者"的眼里这条 Deadline 既是一条警戒线，又是一条安全线。这条 Deadline 的后面像是有一团火，当它逼近时我们迫于某种压力不得不开始行动，并且会拼尽一切力量在 Deadline 到来之前把任务完成。

与 Deadline 之后的烈火燃烧不同的是 Deadline 之前则是一片清凉，安逸又舒缓，所以这条 Deadline 也是一条安全线。只要它还没到来，我们就有足够的时间和理由去拖延。这正好与人类本能的趋利避害相吻合。在 Deadline 到来之前，我们都会处于一种无意识的拖延状态，认为现在的安逸与享乐是理所应当的，也是无可厚非的，反正在 Deadline 之后的时间里能把任务完成，现在享乐一下又有什么关系？

有相当的一部分人在经历过了一次 Deadline 到来之前完成任务后，会逐渐认可甚至享受这样的过程。

他们会错误地认为 Deadline 来临前人表现出的高度专注是一种"高效率"的表现，喜欢把这种状态称为"潜能爆发"。但事实却并非如此，那些等到火烧眉毛再行动的人，总是处于一种匆忙的状态中，他们的行动往往是欠缺思考的；重度拖延症则导致他们长期处于压力和焦虑之中，这会严重影响他们的表现。

更为可怕的是 Deadline 过后突然产生的放松会转化为一种快感，这也是许多人在 Deadline 来临前完成任务后会感到刺激的原因。这些人会逐渐迷恋上这种刺激,并在潜意识里渐渐认为如果自己花费很多时间却只换来了平平常常的成绩,这将会是一件非常丢脸的事情。久而久之,这种行为将会加重拖延,并使我们不愿意在任务上花费更多的精力。

但对于大多数的事情而言,投入和产出总体上是成正比的,投入的越多,收获的往往也就越多。相关研究表明,任务的投入产出曲线虽然总体上呈现出的是正比例的关系,但在事情发展的不同阶段,它的投入产出的转化率是不同的。

事情的投入产出的转化率大概是随着事情的发展而降低的,这就解释了为什么同样是达到了中等成绩,有的人付出了很多努力,有的人却很轻易就到达。但如果你想从中等成绩转化为高等成绩,就必须付出更多的努力。当你习惯了短期达成中等成绩之后就逐渐失去了付出更多努力的能力。因此,短期达成中等成绩的你并非拥有更多的潜力,反倒会因为不努力而逐渐丧失原有的能力而使自身的发展受到限制,这对于一个年轻人的未来发展来说是致命的。

拖延对抗术

为了避免长期依靠 Deadline 来维持正常生活,下面的这些方法能帮到你:

创造一个有足够诱惑力的前景

如果你想要在半年内完成减肥,为了避免在最后两个月内进行极不健康的节食和疯狂的运动,你要从现在就开始执行减肥的任务。减肥之前你可以先描绘一下瘦身成功后自己的样子,以及它带给你的积极影响,最好能找一幅身材很好的模特的海报贴在自己的卧室。

这就是一个美好前景实质化的过程，这将使你获得更多的内在驱动力，进而避免拖延。

把任务细化到可以立马去执行

一些过于抽象和执行起来有一定阻碍的计划列表也会让我们陷入拖延，去等待 Deadline 的到来。为了避免这样的情况发生，你最好把自己的任务细化到可以立马执行，然后在执行中利用任务执行的惯性，顺水推舟地把事情做完。

用物质刺激

就拿跑步来说，如果你打算长期坚持跑步，但又怕自己拖延迟迟不开始，你可以在跑步之前买一双漂亮又昂贵的跑鞋，穿着这样的跑鞋本身就是一种享受，这样的享受能进一步促成你跑步的行为。

购买物质本身也是一种沉没成本的行为，在付出了一定成本的前提下，为了让付出的成本不至于被浪费掉，我们会逼迫自己去让这些成本发挥出它应有的价值，这也能促成我们的行动。

Deadline 就像毒品，会让人上瘾，也会给人一些不切实际的幻梦，应当像远离毒品一样远离对 Deadline 的依赖。

5. "有人监督我就好了"
——如果你不想改，谁也帮不了你

很多人以为自己的拖延是因为没有人监督，这样的观点也许适用于孩提时代。但在成年人的世界里，没人能时时刻刻监督你，战胜拖延你需要靠的是自律。

情景再现

小孟在地方的一家事业单位工作，但他有一颗不甘平淡的心。他一直都想去外面闯一闯，成就一番事业，为自己的能功成名就，也为父母能过上更好的生活。当省城的一个事业单位发出招聘信息后他义无反顾地报了名。

他又四处买来考试用的复习资料，打算把每天晚上下班后所有的时间都用在复习上。他制定了一个详细的执行计划，最开始虽然很难，但他咬着牙坚持了下去。可同事、好友们三番两次地邀请他喝酒，最终他仍旧没能抵挡住这些诱惑，在拿起酒杯的那一瞬间他总是发誓，明天一定要好好复习，但一来二往，复习的计划还是被打乱了。

后来他把复习的时间都集中到了早上，并要求习惯早起的母亲每天叫他起床。这样一来每天下班后他更是玩得肆无忌惮了。到了第二天的早上，母亲叫她起床时，他总说："昨晚太累了，我再睡个十分钟就起。"他这一睡就睡到了临近上班的时间，没过多久，复习的计划就被彻底搁浅了。

理论链接

在人生的初期，我们往往需要被监督，那时候，个人性格还不够完善，自我意识也没有完全觉醒，尚不具备自我约束和自我负责的思想。但随着年轻的增长，我们逐渐具备了自我负责的能力，自我约束的意识，这个时候性格也已经形成，就不再需要外界的监督了。

对于拖延来说，监督也并不能起到很好的改善作用。监督其实是迫于某种来自外界的压力而不得不去发生某种行为。而拖延本身就是一种对压力的逃避，如果拖延的人再受到更多压力，这无疑会加剧他的焦虑程度，稍有不慎还可能激起他的抵触情绪，这都将导致事与愿违。

再加上迫于某种压力而不得不开始的行为通常是消极的，行为人在被迫执行任务中同样会以消极的情绪对待。在任务执行中他们会表现得敷衍、不负责、得过且过，最终很难达到预想的效果。这种消极的行为也会给行为人带来消极的反馈，在下一次任务开始之前他们会回忆起上一次任务中的种种不快，这将导致在下一次的任务中发生更为严重的拖延。这样一来，一个恶性的循环就形成了。

自律则不同，简单来说自律就是严格地约束自己的行为，自律解决拖延靠的是一种内在的驱动力，在这种内在驱动力的支持下，人的行为是在一种积极主动的心态下开始的。这样的心态除了能让人避免拖延，它还能给执行任务的人带来更好的工作体验。好的工作体验就是一种积极的反馈，人在受到这种积极反馈之下会主动开始下一次的行动，这样一来，一个良性的循环就形成了。

因此，我们可以认为，靠监督来解决拖延的问题不过是一种"治标"的方法，自律才是从根上解决拖延的"治本之道"。

拖延对抗术

下面的这些方法能把你做到更加自律：

制定具体到小时的执行计划表

之所以难以做到自律，是因为在时间上还有可供我们拖延的空间。针对这种情况，我们可以从计划表入手去解决。大多数的计划表都只做出了大概的安排，比如晚饭后阅读一个小时。这很容易导致晚饭时间延长，进而压缩掉用来阅读的时间，因而造成拖延。

你不妨把晚饭后阅读一小时改成晚上6：30—7：30晚饭，7：30—8：30阅读。精确到小时的执行计划表能明确地对你的行为作出约束，在一定程度上能帮你更好地做到自律。

一次只做一件事情

你在执行计划时很可能会顾及到其他还未处理的事情，而这样的顾虑会降低你执行的效率，最终导致整个计划被打乱。在执行一个任务时就专注于这一个任务，摒弃一切杂念。

你可以通过关机、断网、选择干净舒适的场所来达到这个目的。比如你规定了一个小时的时间来阅读，阅读的时候尽量选取一个安静舒缓的环境，关掉手机，平心静气地把当天的阅读任务完成。

跳过未完成的任务

在计划执行的过程中很可能会遇到一些突发情况，而导致整个计划中一些环节没能很好地完成，这时很多人会因为之前没完成的任务而患得患失，患得患失的焦虑心态又将导致拖延在不知不觉中产生。当一些计划没能很好地执行时，就果断地跳过去，不要影响下面计划的执行。

你之所以总是拖延，并不是因为没有人对你进行监督，而是你自己缺乏自律意识，自律的人不需要别人监督，也能做到从不拖延。

6. "别人的事先做,我自己的事不着急"
——为了获得别人的赞扬和肯定

假如你正在忙自己的工作,一个要好的同事突然向你发出了求助,你会果断予以拒绝还是停下手中的工作帮对方解决问题。我相信大多数人都会不自觉地选择后者,但这种选择很容易让你陷入拖延中。

情景再现

毕业后,普通高校出身的徐慧花了九牛二虎之力才被自己最想去的那家大公司录取了。

但入职后徐慧才发现,大公司远没想象的那样好。身边尽是名校的毕业生,甚至还有"留洋"回来的,同事们谈论的东西她是一点都插不上嘴。但她并不灰心,她决定把自己放到一个低一点的位置,在工作中重新学习,努力追赶。

之后,徐慧真的成了公司里地位最低的人,别人喊她做什么她都勤勤恳恳地做好,从不拒绝。其实,大多数的时候,徐慧都是在牺牲做自己工作的时间来帮同事、帮领导。

最开始领导和同事都夸徐慧勤劳,她自己也沉浸在这种夸奖中,久而久之,大家都习惯了她的这种"勤劳",不再有人注意她,但一有繁琐的工作,第一个想起来的还是她。

徐慧的这种行为导致了她经常不能按时完成工作,有的时候需要在下班之后加两个小时的班,有的时候当天实在完不成了,就只能把自己的任务拖到第二天。但第二天她还是会先帮同事把事情做了再去处理自己的工作。她的工作就这样堆了起来……

理论链接

像徐慧这样从来不懂得拒绝别人的要求，做任何事情都"先人后己"的行为模式也常常会让我们陷入拖延中去。首先，当我们在执行自己的任务时，突然而至的事情就会对任务的执行造成一定的干扰，打断其连贯性，使我们在任务执行中出现停顿或间歇性的终止，这种情况下拖延就很容易发生。

再者，在帮助别人处理事情时，我们还会产生借此逃避的心理。特别是在处理一些棘手的问题或困难的任务时，这些工作让我们产生了严重的焦虑，我们很想从中解脱出来但迫于某种压力又不得不去面对。此时，如果别人来邀请你帮忙正好给了一个摆脱焦虑的借口和契机，我们会借着这个机会把原有的工作尽可能地拖延下去，以此来避开焦虑。

但你有没有仔细分析过我们为什么很难拒绝别人提出的要求呢？

我们不拒绝别人一方面是因为我们认为说"不"是一种自私的行为，它会让我们感到内疚；另一方面我们误认为拒绝会让对方感到失望甚至恼怒，在这个"讲人情"的社会里，我们早已习惯了取悦别人以获得认可，或者避免他人的反对。

这种习惯往往形成于我们的幼年时期。对于大部分儿童而言，他人的认可是一种强大的奖赏来源。慢慢长大，我们也慢慢学会了如何讨好别人来获得赞扬、喜爱以及我们想要获得的利益。也学会了如何通过察言观色来避免冲突、躲避惩罚。这样的行为模式让我们对别人的认可产生了一种依赖，在对别人肯定的依赖中，自我意识也在一点一点丢失。

随着年龄的增长，我们发现在很多社交中，自我意识正发挥着越来越重要的作用。自我意识强的人会产生更强大的气场，他们在交往中不用去刻意地讨好别人就能获得别人的认可和赞同。那些习惯于用讨好还换取认可的人反倒越来越被人所轻视。

因此，我们可以认为因帮助别人而使自己的任务陷入拖延的行为是最不值得。你想要通过帮助别人来获得别人的认可，但延误自己的任务，甚至将工作做得一团糟。反倒会受到别人的轻视。受到轻视之后你又想获得认可，这样一来就陷入了一个死循环。

拖延对抗术

下面的这些方法能帮你避免因不会说"不"而导致的拖延：

让自己看起来很忙

一个人在向别人寻求帮助时，都会找那些"看起来有时间"的人，首先这是对别人时间的一种尊重，再者向那些"看起来有时间"的人求助也更容易成功。我们可以利用人们的这个行为习惯"反其道行之"。

在我们意识到别人可能会找我们帮助，而自己又难以拒绝时，可以人为地让自己忙起来，这样可以很好地避开别人的求助。此时，如果还有人向你寻求帮助，你也可以用"我在忙"来很好地拒绝对方而不至于影响到你们之间的情谊。

对不起，我正在忙，等我忙完再帮你

这种拒绝别人的方式也很巧妙，一方面这句话委婉地表达了拒绝的意思，另一方面这句话也给自己和对方留下了商量的余地。大部分人在听到这句话后都会马上意识到你拒绝的本意，但也有一些人会把这句话的侧重点放在后半句"忙完再帮你"。

针对这种人，你大可以在任务告一段落之后再去帮忙，这样做既帮了对方，也没有让自己的任务受到干扰。

给出对方解决问题的线索

人不喜欢被拒绝是因为被拒绝带来的总是失望，如果你的拒绝能减弱对方的失望感也就能达到委婉拒绝的目的了。有时候对方麻烦你，但你又实在抽不出精力，那就不妨给对方一个解决问题的线索，这样可以缓解对方的失落感。

比如当有人问你如果给公众号的文章排版时，正在忙碌的你没时间一步一步示范给他看，你可以给他一个排版网站或者排版教学的链接。这其实是一种两全其美的办法。

很多时候你得到了别人的认可不是因为你为别人做了什么，而是你为自己做了什么，不要因帮助别人而陷入拖延，这样会让你最终一无所获。

7. "早把事情做完，留出的时间做什么"
——避免被安排更多的工作

任何人都很难完全掌控拖延，拖延一旦发生，就会像决了堤的洪水，一旦成势就很难阻挡。你怕早早做完工作后被领导安排下更多的任务，就开始拖延工作，但这样的拖延很可能导致你最终无法按时完成任务。

情景再现

李娜在一家小公司做行政人事主管，说是主管，其实一个下属都没有，里里外外的活儿都得她一个人干。刚入职的时候，她工作勤勤恳恳，积极性很高，无论工作多繁重，她都能保证在最短的时间内尽量把事情做好。领导也多次在会议上夸奖她执行力强。

但不久后，李娜发现领导给她安排下的工作越来越多，她每天除了要做完本职工作外，还做了一大部分助理的工作。工作更忙了，但薪水却一点都没有涨。

李娜觉得是自己之前太积极的缘故，从此她开始在工作中拖延。渐渐地，拖延成为习惯后，李娜的工作效率直线下降，甚至多次出现不能按时完成任务的现象。

理论链接

不少刚刚进入职场的年轻人都有过李娜这样的经历，自己在工作中表现出的高效率换来的不是薪资和职位的提升，而是工作量的无限增加。这让我们心中逐渐积累起了怨气，凭什么拿着同样的薪水我却要做两倍的活儿？从此，我们开始拖延工作，为的就是减少自己的工作量。

但换个角度，从长远来看，老板给你分配下更多的任务并不是一件坏的事情。

如果你能经常把领导安排给你的任务提前完成，首先就证明你的业务能力比一般人更为突出。通常情况下，领导心中都有一个"平均水平"的标准，这是各个领导根据自身多年的工作经验所得出的，可以说它适用于大多数人。如果你在这个"平均水平"的基础上提前完成了任务，并且工作的质量也得到了一定的保证，就能说明你的业务能力在"平均水平"之上。

其次，经常提前完成任务的你在工作中也一定是尽心尽责、心无旁骛的。提前完成任务并不是只靠出众的业务能力就可以做到，而持续性地提前完成任务更是如此。你只有在工作中投入足够多的精力，并且在工作中持续性地保持专注，才有可能做到提前完成任务。如果你总是能提前完成任务，那就说明你在工作中能够做到高强度的持续性输出，这在职场中是一种很难得的优势。

具备了以上两种优势的你一定会得到领导的赏识，赏识的表现就是分配给你更多更难的任务。

也许你认为在不加薪的前提下让你承担更多的工作量是对你精力和能力的过度榨取，但事实上却并非如此。电影《蜘蛛侠》中，有这样一句经典台词："能力越大，责任越大。"在职场中更是如此，你的能力越强，你负责的工作也就越为关键，你承担的责任也就相应地要更大一些。

但这并不是没有回报，承担起更大责任的你会因为你承担的责任而变得不可被替代，你会因此而逐渐成为公司里的核心员工。升职加薪对你来说将只是时间的问题。

如果领导给你安排下了许多"杂七杂八"的工作，你也不要抱怨。在这种门类众多的工作中，你提升的是自己综合能力，这样的能力是一个领导者必须具备的。如果你的领导经常给你安排下一些本该属于他的工作，你更不应该为此抱怨、苦恼，反倒应该暗暗窃喜，因为你的领导很可能已经把你视为下一个小团体的领导者。

拖延对抗术

想要在工作中持续性地保持提前完成任务的状态，也需要一些技巧，下面的这些小技巧能帮你提前完成任务：

下班前给次日的工作开个小头

俗话说："万事开头难。"在工作中我们这样的感受会更加强烈，尤其是每天早上到公司之后。面对一个方案苦苦思索却迟迟找不到好的思路。思索来思索去，工作就被拖延了，这又很可能导致你不能按时完成工作。

针对这种情况，你可以在前一天工作快要结束的时候给次日的工作开个小头，为第二天的工作打开思路。

这样，第二天的工作就不再是"从头开始"，而是"顺势而下"。再加上大部分人上午的工作效率都是一天中最高的，这种可以直接进入工作状态的方式再加上上午的高效率会直接提高一整天的工作效率。

及时进行沟通

工作中因为沟通不足而导致的返工也是影响工作效率的一大祸源，同一个方案被反反复复修改之后，浪费了时间和精力，往往导致无法提前完成工作，甚至不能如期完成任务。

及时进行沟通则可以很好地避免这种情况的发生。在领取任务之前，与领导或客户进行充分的交流，明确对方的一些要求，解决掉心中的疑惑。

工作中，随时把重要的信息传递给对方，一旦出现了意外情况，就可以在第一时间做出调整。这样的好处不仅在于可以节省掉很多时间，还能使你工作成本方面的损失降到最低。

谨记：能力越大责任越大，责任越大就意味着你的位置越关键，意味着你更可能成为那个不可被替代的人。